农村科技口袋书

大田经济作物高效生产新技术

中国农村技术开发中心　编著

中国农业科学技术出版社

图书在版编目（CIP）数据

大田经济作物高效生产新技术 / 中国农村技术开发中心
编著 . —北京：中国农业科学技术出版社，2018.11
ISBN 978-7-5116-3618-8

Ⅰ. ①大… Ⅱ. ①中… Ⅲ. ①经济作物—栽培技术
Ⅳ. ① S56

中国版本图书馆 CIP 数据核字（2018）第 083550 号

责任编辑 史咏竹
责任校对 李向荣

出　　版	中国农业科学技术出版社
	北京市中关村南大街 12 号　　邮编：100081
电　　话	（010）82105169（编辑室）
	（010）82109702（发行部）　（010）82109709（读者服务部）
传　　真	（010）82106626
网　　址	http://www.castp.cn
经　　销	各地新华书店
印　　刷	北京科信印刷有限公司
开　　本	880mm×1230mm　1/64
印　　张	5.3125
字　　数	172 千字
版　　次	2018 年 11 月第 1 版　　2018 年 11 月第 1 次印刷
定　　价	9.80 元

编写人员

主　编：龚振平　王振忠　董　文
副主编：马春梅　鲁　淼　邱天龙
编　者：（按姓氏笔画排序）

于天一　万书波　马　霓　马永生
马春梅　马腾飞　王才斌　王立辉
王秋菊　王铭伦　王瑞生　王新发
文　静　田建华　付三雄　朴钟云
吕　新　朱家成　任海祥　华水金
刘贵华　刘晓冰　刘登望　闫　超
闫洪睿　孙君明　孙学武　杨　进
杨立勇　杨光圣　杨悦乾　李　林
李　卓　李　俊　李　莓　李文林
李加纳　李向东　李远明　李彦生
李根泽　李浩杰　李培武　李新民
李新国　杨　进　杨立勇　杨光圣

杨悦乾	吴正锋	吴江生	别　墅
邸　锐	沈　浦	宋来强	张　正
张书芬	张冬青	张良晓	张佳蕾
张思平	张教海	张敬涛	张智猛
张椿雨	张鹏忠	陈庆山	陈红琳
林永增	金　梅	周广生	周熙荣
郑永美	单世华	赵新华	侯树敏
饶　勇	姜道宏	顾　沁	栾晓燕
高建芹	郭　峰	黄咏明	黄泽素
梅德圣	龚振平	符明联	盖希坤
董守坤	蒋国斌	景玉良	程　勇
程尚明	鲁剑巍	谢甲涛	蒯　婕
雷　斌	臧秀旺	廖庆喜	樊晋华
魏忠芬			

前　言

　　为了充分发挥科技服务农业生产一线的作用，将现今适用的农业科技新技术及时有效地送到田间地头，更好地使"科技兴农"落到实处，中国农村技术开发中心在深入生产一线和专家座谈的基础上，紧紧围绕当前农业生产对先进适用技术的迫切需求，立足国家科技支撑计划项目产生的最新科技成果，组织专家力量，精心编印了小巧轻便、便于携带、通俗实用的"农村科技口袋书"丛书。

　　《大田经济作物高效生产新技术》筛选凝练了国家科技支撑计划"大田经济作物高效生产技术研究与示范（2014BAD11B00）"项目实施取得的新技术，旨在方便广大科技特派员、种养大户、专业合作社和农民等利用现代农业科学知识、发展现代农业、增收致富和促进农业增产增效，为保障国家粮食安全和实现乡村振兴做出贡献。

"农村科技口袋书"由来自农业生产、科研一线的专家、学者和科技管理人员共同编制，围绕着关系国计民生的重要农业生产领域，按年度开发形成系列丛书。书中所收录的技术均为新技术，成熟、实用、易操作、见效快，既能满足广大农民和科技特派员的需求，也有助于家庭农场、现代职业农民、种植养殖大户解决生产实际问题。

在丛书编制过程中，我们力求将复杂技术通俗化、图文化、公式化，并在不影响阅读的情况下，将书设计成口袋大小，既方便携带，又简单实用，便于农民朋友随时随地查阅。但由于水平有限，不足之处在所难免，恳请批评指正。

编　者

2018 年 10 月

目　录

第二篇　棉花高产栽培技术

第四篇 花生高产栽培技术

第一篇
大豆高产栽培技术

大豆优质高产品种

东农豆251

品种来源

以东农05-94为母本，黑农48为父本进行有性杂交，采用系谱法经多年鉴定选育而成。品种审定编号为黑审豆2017030。

特征特性

亚有限结荚习性。紫花，圆叶，灰色茸毛，荚弯镰形，籽粒近圆形，种皮黄色，种脐无色，有光泽，百粒重22克左右。蛋白质含量40.29%；脂肪含量20.58%。中抗灰斑病。

技术要点

采用大垄双行栽培方式。肥料配比 N：P：K=13：18：（9～15），公顷施肥量450千克。

适宜地区

该品种在黑龙江省第一积温带播种。

注意事项

建议保苗株数为 15 万株 / 公顷。

技术来源：东北农业大学大豆遗传改良团队
咨询人与电话：刘丽敏　15663428078

东农豆 252

品种来源

以东农 05-189 为母本，黑农 48 为父本进行有性杂交，采用系谱法经多年鉴定选育而成。品种审定编号为黑审豆 2017031。

特征特性

亚有限结荚习性。紫花，圆叶，灰色茸毛，荚弯镰形，籽粒近圆形，种皮黄色，种脐无色，有光泽，百粒重 25 克左右。蛋白质含量 42.47%；脂肪含量 20.37%。抗灰斑病。

技术要点

采用大垄双行栽培方式，公顷保苗 15 万～18 万株。肥料配比 N：P：K=13：18：（9～15），公顷施肥量 450 千克。

适宜地区

该品种在黑龙江省第二积温带播种。

注意事项

建议保苗株数为 15 万株 / 公顷。

技术来源：东北农业大学大豆遗传改良团队
咨询人与电话：刘丽敏 15663428078

东农豆 253

品种来源

以东农 05-189 为母本，黑农 48 为父本进行有性杂交，采用系谱法经多年鉴定选育而成。品种审定编号为黑审豆 2018Z001。

特征特性

亚有限结英习性。紫花，圆叶，灰色茸毛，英弯镰形，种子圆形，种皮黄色，种脐无色，有光泽，百粒重 25 克左右。蛋白质含量 42.07%；脂肪含量 20.14%。中抗灰斑病。

技术要点

采用大垄双行栽培方式。肥料配比 N：P：K=13：18：（9～15），公顷施肥量 450 千克。

适宜地区

该品种在黑龙江省第三积温带播种。

注意事项

建议保苗株数为 12 万株 / 公顷。

技术来源：东北农业大学大豆遗传改良团队
咨询人与电话：刘丽敏 15663428078

合农 76

品种来源

以垦农 19 为母本，合丰 57 为父本经有性杂交，系谱法选育而成。品种审定编号为黑审豆 2015021，品种权号为 CNA20150708.4。

特征特性

亚有限结荚习性。紫花，尖叶，灰色茸毛，荚弯镰形，种子圆形，种皮黄色，种脐浅黄色，有光泽，百粒重 19.3 克左右。蛋白质、脂肪含量为 41.98%、20.43%。抗灰斑病。

技术要点

选择上中等肥力地块种植，采用垄作和窄行密植两种栽培方式，公顷保苗 35.0 万～40.0 万株。公顷施磷酸二铵 150～200 千克，尿素 30～50 千克，钾肥 50～70 千克。

适宜地区

适宜黑龙江省第二积温带种植。

注意事项

在孢囊线虫病及花叶病毒病3号株系重发区慎用；注意适当增加密度；注意防治菌核病。

技术来源：黑龙江省农业科学院佳木斯分院

咨询人与电话：郭泰 13603691985

合农 85

品种来源

以合丰 55 为母本，黑农 54 为父本经有性杂交，系谱法选育而成。品种审定编号为黑审豆 2017006，品种权号为 CNA20150709.3。

特征特性

亚有限结荚习性。紫花，尖叶，灰色茸毛，荚弯镰形，种子圆形，种皮黄色，种脐黄色，有光泽，百粒重 21.5 克左右。蛋白质含量 38.40%，脂肪含量 22.60%，中抗灰斑病。

技术要点

选择中等肥力地块种植，采用垄作栽培方式，播前种子包衣，公顷保苗 25 万～30 万株。公顷施磷酸二铵 100～150 千克，尿素 25～30 千克，钾肥 70～75 千克。

适宜地区

适宜黑龙江省第二积温带种植。

注意事项

在孢囊线虫病重发区慎用；注意预防菌核病。

技术来源：黑龙江省农业科学院佳木斯分院

咨询人与电话：郭泰 13603691985

合农 95

品种来源

以绥农 14 为母本，黑河 38 为父本经有性杂交，系谱法选育而成。品种审定编号为国审豆2016001，品种权号为 CNA20150712.8。

特征特性

亚有限结荚习性。百粒重 19.1 克。尖叶，紫花，灰毛。籽粒圆形，种皮黄色、微光，种脐黄色。中感花叶病毒病 1 号、花叶病毒病 3 号株系，中抗灰斑病。蛋白含量 41.39%，脂肪含量 18.76%。

技术要点

垄作栽培，2.0 万～2.5 万株 / 亩（1 亩≈667平方米，全书同）。亩施 1 000 千克腐熟有机肥、15 千克氮磷钾三元复合肥作基肥；初花期每亩追施 5 千克氮磷钾三元复合肥。

适宜地区

适宜在黑龙江省第三积温带下限和第四积温带、吉林省东部山区、内蒙古（内蒙古自治区，全书简称内蒙古）呼伦贝尔地区和新疆（新疆维吾尔自治区，全书简称新疆）北部春播种植。

注意事项

注意及时防治蚜虫和食心虫。

技术来源：黑龙江省农业科学院佳木斯分院

咨询人与电话：郭泰　13603691985

绥农 35

品种来源

以绥农 10 为母本，绥 02-315 为父本进行有性杂交，采用系谱法经多年鉴定选育而成。品种审定编号为黑审豆 2012015。

特征特性

无限结荚习性，尖叶，白花，结荚密集，籽粒圆形，种皮黄色、无光泽，种脐黄色，百粒重 22.0 克左右。中抗灰斑病。籽粒粗蛋白含量 39.42%，粗脂肪含量 21.77%。

技术要点

垄作双行拐子苗，公顷保苗 25.0 万株，播前用硼钼微肥种衣剂包衣。一般公顷施磷酸二铵 150 千克、硫酸钾 60 千克、尿素 30 千克。

适宜地区

适宜黑龙江省第二积温带种植。

注意事项

注意及时防治蚜虫和食心虫。

技术来源：黑龙江省农业科学院绥化分院

咨询人与电话：付亚书　15804551637

绥农 36

品种来源

以绥农 28 为母本，黑农 44 为父本。采用系谱法经多年鉴定选育而成。品种审定编号黑审豆 2014009，国审编号 2017009。

特征特性

亚有限结荚习性，株型收敛，无分枝，圆叶，白花，结荚密集，籽粒圆形，种皮黄色，种脐黄色，百粒重 19.0 克左右。中抗灰斑病。粗蛋白含量 37.09%，粗脂肪含量 22.12%。

技术要点

垄作双行拐子苗，公顷保苗 25.0 万株，播前用硼钼微肥种衣剂包衣。一般每公顷施磷酸二铵 150 千克、硫酸钾 60 千克、尿素 30 千克。

适宜地区

适宜黑龙江省第二积温带，以及吉林、内蒙古、新疆等省区相适应的积温区域种植。

注意事项

注意及时防治蚜虫和食心虫。

技术来源：黑龙江省农业科学院绥化分院
咨询人与电话：付亚书　15804551637

绥农 42

品种来源

以绥 02-339 为母本，合 03-1099 为父本进行有性杂交，采用系谱法经多年鉴定选育而成。品种审定编号为黑审豆 2016005。

特征特性

无限结荚习性，株型收敛，有分枝，尖叶，紫花，灰毛。籽粒圆形，种皮黄色、无光泽，种脐黄色，百粒重 21.0 克左右。中抗灰斑病。籽粒粗蛋白含量 40.68%，粗脂肪含量 20.00%。

技术要点

垄作双行拐子苗，公顷保苗 25.0 万株，播前用硼钼微肥种衣剂包衣。一般公顷施磷酸二铵 150 千克、硫酸钾 60 千克、尿素 30 千克。

适宜地区

适宜黑龙江省第二积温带种植。

注意事项

注意及时防治蚜虫和食心虫。

技术来源：黑龙江省农业科学院绥化分院

咨询人与电话：付亚书　15804551637

绥农 52

品种来源

以绥农 26 为母本，绥无腥豆 2 号为父本进行有性杂交，采用系谱法经多年鉴定选育而成。品种审定编号为黑审豆 2017028。

特征特性

无限结荚习性，株型收敛。尖叶，紫花，灰毛。籽粒圆形，种脐黄色，百粒重 29.0 克左右。中抗灰斑病。籽粒粗蛋白含量 42.09%，粗脂肪含量 19.72%，缺失脂肪氧化酶 L_2。

技术要点

垄作双行拐子苗，公顷保苗 25.0 万株，播前用硼钼微肥种衣剂包衣。一般公顷施磷酸二铵 150 千克、硫酸钾 60 千克、尿素 30 千克。

适宜地区

适宜黑龙江省第二积温带种植。

注意事项

注意及时防治蚜虫和食心虫。

技术来源：黑龙江省农业科学院绥化分院
咨询人与电话：付亚书　15804551637

黑农 48

品种来源

以哈 90-6719 为母本，绥 90-5888 为父本，采用高光效育种体系选育而成。品种审定编号为黑审豆 2004002，吉审豆 2011021。

特征特性

亚有限结荚习性，尖叶，紫花。主茎型，结荚密集。籽粒圆形，种脐黄色，百粒重 23.0 克。粗蛋白含量 44.70%，粗脂肪含量 19.05%。抗大豆花叶病毒 1 号株系，中抗灰斑病。

技术要点

垄作双行拐子苗，公顷保苗 25.0 万株，播前用硼钼微肥种衣剂包衣。一般公顷施磷酸二铵 150 千克、硫酸钾 60 千克、尿素 30 千克。

适宜地区

适宜黑龙江省第二、第三积温带，吉林省东部大豆早熟区种植。

注意事项

注意及时防治蚜虫和食心虫。

技术来源：黑龙江省农业科学院大豆研究所
咨询人与电话：栾晓燕　13313651508

黑农 84

品种来源

以黑农 51 为母本，用黑农 51 与聚合杂交 [（黑农 41×91R3-301）×（黑农 39×9674）]×（黑农 33×灰皮支）的中选个体的杂交 F_1 为父本进行回交，审定编号为黑审豆 2017005。

特征特性

亚有限结荚习性。百粒重 23 克。粗蛋白含量 42.58%，脂肪含量 19.84%，高抗大豆花叶病毒病，中抗灰斑病，耐胞囊线虫病。

技术要点

垄作双行拐子苗，公顷保苗 25.0 万株，播前用硼钼微肥种衣剂包衣。公顷施磷酸二铵 150 千克、硫酸钾 60 千克、尿素 30 千克。

适宜地区

适宜黑龙江省第二、第三积温带，吉林省东部大豆早熟区种植。

注意事项

注意及时防治蚜虫和食心虫。

技术来源：黑龙江省农业科学院大豆研究所
咨询人与电话：栾晓燕　13313651508

黑农 61

品种来源

以 97-793 为母本，绥农 14 为父本杂交，经系谱法选育而成，审定编号为黑审豆审定号 2010001，国审豆 2014003。

特征特性

亚有限结荚习性，尖叶，紫花，种脐黄色，百粒重 23 克。蛋白质含量 38.06%，脂肪含量 22.21%。中抗大豆灰斑病、中抗病毒病。

技术要点

垄作双行拐子苗，公顷保苗 25.0 万株，播前用硼钼微肥种衣剂包衣。每公顷施磷酸二铵 150 千克、硫酸钾 60 千克、尿素 30 千克。

适宜地区

适于黑龙江省第一、第二积温带；吉林省东部半山区；内蒙古兴安盟地区；新疆昌吉回族自治州等地区春播种植。

注意事项

注意及时防治蚜虫和食心虫。

技术来源：黑龙江省农业科学院大豆研究所
咨询人与电话：栾晓燕　13313651508

黑农 69

品种来源

以黑农 44 为母本，垦农 19 为父本杂交，经系谱法选育而成，审定编号为黑审豆审定号 2010001。

特征特性

尖叶，紫花，亚有限结荚习性，种脐黄色，百粒重 20 克。蛋白质含量 40.63%，脂肪含量 21.94 %。异黄酮含量高达 5 300 毫克 / 千克。中抗大豆灰斑病、病毒病。

技术要点

垄作双行拐子苗，公顷保苗 25.0 万株左右，播前用硼钼微肥种衣剂包衣。公顷施磷酸二铵 150 千克、硫酸钾 60 千克、尿素 30 千克。

适宜地区

适于黑龙江省第一、第二积温带；吉林省东部种植。

注意事项

注意及时防治蚜虫和食心虫。

技术来源：黑龙江省农业科学院大豆研究所
咨询人与电话：栾晓燕　13313651508

黑农 83

品种来源

以 $^{60}Co\text{-}\gamma$ 射线 ^{120}Gy 处理黑农 37 的突变体哈交 96-9 为母本，合 97-793 为父本进行杂交，采用杂交与辐射相结合的方法选育而成，审定编号为国审豆 20170008。

特征特性

尖叶，白花，亚有限结荚习性，种脐黄色，百粒重 22 克。蛋白质含量 38.39%，脂肪含量 21.88 %。中抗大豆灰斑病、病毒病。

技术要点

垄作双行拐子苗，公顷保苗 25.0 万株，播前用硼钼微肥种衣剂包衣。公顷施磷酸二铵 150 千克、硫酸钾 60 千克、尿素 30 千克。

适宜地区

适宜黑龙江省第一、第二积温带；吉林省东部半山区；内蒙古兴安盟地区；新疆昌吉回族自治州等北方春大豆中早熟区春播种植。

注意事项

注意及时防治蚜虫和食心虫。

技术来源：黑龙江省农业科学院大豆研究所
咨询人与电话：栾晓燕　13313651508

牡试 1 号

品种来源

以黑农 48×垦丰 16 为母本，垦丰 16 为父本进行回交，采用系谱法经多年鉴定选育而成。品种审定编号为黑审豆 2015003。

特征特性

亚有限结荚习性。圆叶，白花，百粒重 20.2 克。中抗灰斑病，兼抗霜霉病和大豆花叶病。粗蛋白含量 38.41%，粗脂肪含量 22.21%。

技术要点

垄作双行拐子苗，每公顷保苗 25.0 万株左右，播前用硼钼微肥种衣剂包衣。公顷施磷酸二铵 150 千克、硫酸钾 60 千克、尿素 30 千克。

适宜地区

适宜黑龙江省第二积温带种植应用。

注意事项

注意及时防治蚜虫和食心虫。

技术来源：黑龙江省农业科学院牡丹江分院
咨询人与电话：任海祥　13946368725

牡豆 8 号

品种来源

以垦农 19 为母本，滴 2003 为父本进行有性杂交，采用系谱法经多年鉴定选育而成。品种审定编号为黑审豆 2012005。

特征特性

亚有限结荚习性，尖叶，紫花，百粒重 20.0 克左右。中抗灰斑病，兼抗霜霉病和大豆花叶病。粗蛋白含量 37.56%，粗脂肪含量 21.24%。

技术要点

垄作双行拐子苗，公顷保苗 25.0 万株左右，播前用硼钼微肥种衣剂包衣。每公顷施磷酸二铵 150 千克、硫酸钾 60 千克、尿素 30 千克。

适宜地区

适宜黑龙江省第二积温带种植应用。

注意事项

注意及时防治蚜虫和食心虫。

技术来源：黑龙江省农业科学院牡丹江分院
咨询人与电话：任海祥　13946368725

牡豆 10 号

品种来源

以黑农 48 为母本，黑河 46 为父本进行有性杂交，采用系谱法经多年鉴定选育而成。品种审定编号为黑审豆 2016004。

特征特性

亚有限结荚习性，尖叶，紫花，种脐黄色，百粒重 20.8 克左右。中抗灰斑病，兼抗霜霉病和大豆花叶病。粗蛋白含量 40.24%，粗脂肪含量 21.35%。

技术要点

垄作双行拐子苗，公顷保苗 25.0 万株左右，播前用硼钼微肥种衣剂包衣。公顷施磷酸二铵 150 千克、硫酸钾 60 千克、尿素 30 千克。

适宜地区

适宜黑龙江省第二积温带种植应用。

注意事项

注意及时防治蚜虫和食心虫。

技术来源：黑龙江省农业科学院牡丹江分院

咨询人与电话：任海祥　13946368725

东生 79

品种来源

黑龙江省农业科学院牡丹江分院与中国科学院东北地理与农业生态研究所合作选育。以哈04-1824为母本，绥02-282为父本进行有性杂交，采用系谱法经多年鉴定选育而成。品种审定编号为黑审豆2018013。

特征特性

亚有限结荚习性，尖叶，白花，百粒重18.8克左右。中抗灰斑病，兼抗霜霉病和大豆花叶病。粗蛋白含量36.87%，粗脂肪含量24.16%。

技术要点

垄作双行拐子苗，公顷保苗25.0万株左右，播前用硼钼微肥种衣剂包衣。公顷施磷酸二铵150千克、硫酸钾60千克、尿素30千克。

适宜地区

适宜黑龙江省第二积温带种植应用。

注意事项

注意及时防治蚜虫和食心虫。

技术来源：黑龙江省农业科学院牡丹江分院
咨询人与电话：任海祥　13946368725

冀豆 17

品种来源

以 Hobbit 为母本，早 5241 为父本进行人工有性杂交。品种审定编号为国审豆 2013010、京审豆 2014002、冀审豆 2016003。

特征特性

亚有限结荚习性，叶椭圆形，白花。粒圆形，种脐黑色，百粒重 19 克。蛋白质含量 36.93%，脂肪含量 23.42%。

技术要点

密度 18 万～24 万株 / 公顷。花荚期每亩施尿素 0.5 千克＋磷酸二氢钾 0.2 千克兑水 40 千克叶面喷施，7～10 天一次，可连喷 2 次。

适宜地区

河北省春播和夏播；山东、河南、陕西关中平原、江苏和安徽两省淮河以北地区夏播；宁夏（宁夏回族自治区，全书简称宁夏）中北部，陕西北部、渭南，山西中部、东南部，甘肃陇东地区春播。

注意事项

注意及时防治点蜂缘蝽。

技术来源：河北省农林科学院粮油作物所
咨询人与电话：杨春燕　0311-87670653

冀豆 23

品种来源

以冀豆 12×nf1（冀黄 13）杂交一代为母本，以冀豆 12 为父本，通过亲本有性杂交，系谱法选育而成。品种审定编号为冀审豆 20170001。

特征特性

亚有限结荚习性。卵圆叶，紫花。百粒重24.6 克。籽粒椭圆形，黄色种皮，褐脐，无光泽。蛋白质含量 45.0%，脂肪 19.2%。

技术要点

麦收后立即播种，机械等行距播种，播种行距 45～50 厘米，亩播量 4～5 千克。亩施种肥 15 千克。

适宜地区

河北省中南部夏播区。

注意事项

注意及时防治点蜂缘蝽。

技术来源：河北省农林科学院粮油作物所
咨询人与电话：杨春燕　0311-87670653

中黄 13

品种来源

以豫豆 8 号 × 中作 90052-76 为组合，经系谱法选育而成，先后通过国家和 9 个省市审定。

特征特性

春播生育期 130～135 天，夏播生育期 100～105 天。椭圆叶，紫花，有限结荚习性。褐脐，百粒重 24～26 克。抗大豆花叶病毒病，中抗大豆胞囊线虫病。蛋白质含量 45.8%，脂肪含量 18.66%。

技术要点

宽窄行种植，密度 1.25 万株 / 亩。亩施尿素 4～5 千克，磷酸一铵 20～25 千克，氯化钾 8～10 千克。

适宜地区

适合安徽、天津、陕西、北京、辽宁、四川、山西、河南和湖北 9 个省市种植。

注意事项

花荚期遇旱及时浇水，及时防治虫害。

技术来源：中国农业科学院作物科学研究所
咨询人与电话：孙君明　010-82105805

中黄 301

品种来源

以郑 9525 作母本、商豆 16 作父本进行有性杂交，品种审定编号为豫审豆 2017002。

特征特性

有限结荚品种，椭圆叶，紫花，荚灰褐；百粒重 18～19 克，籽粒圆形，种皮黄色；倒伏 0.5 级。抗大豆花叶病毒病。粗蛋白质含量为 43.42%，粗脂肪含量为 19.33%。

技术要点

宽窄行种植，行距 0.4 米，株距 0.13～0.15 米，及时间定苗，留苗密度 1.25 万株/亩。亩施尿素 4～5 千克，磷酸一铵 20～25 千克，氯化钾 8～10 千克。

适宜地区

适宜河南省夏大豆区种植（南阳市除外）。

注意事项

开花结荚期遇旱及时浇水，防治虫害。

技术来源：中国农业科学院作物科学研究所
咨询人与电话：孙石　010-82108589

大豆优质高产配套机具

轻简型免耕播种机

装备简介

轻简型免耕播种机（专利号 ZL201520576812.0），能够在玉米、大豆等秸秆全量覆盖还田的情况下进行播种施肥作业，一次进地就可以完成侧深施肥、免耕播种、覆土镇压的免耕播种机。

技术要点

通过性强，故障率低；入土能力强，入土行程短，实现深施肥，生长有后劲；与拖拉机悬挂连接，地头转弯半径小，作业效率高；构造简单农民容易掌握；价格便宜；适应性好，播种不破坏垄形，播后垄体保持原样，播种后垄体疏松，利于作物生长。

适用范围

适用于秸秆还田后地块机械化直接播种。

注意事项

作业速度不要过快。

技术来源：东北农业大学工程学院

咨询人与电话：杨悦乾 13796175248

垄体深松灭茬成垄整地机

装备简介

垄体深松灭茬成垄整地机(专利号 ZL201521144346.5),在玉米、大豆等秸秆全量覆盖还田的情况下一次进地完成垄体深松,灭茬碎土,秸秆归行到垄沟,达到待播种状态。

技术要点

深松作业配套动力小型化,深度可以达到35厘米以上;作业后垄台上无秸秆覆盖,春季增温快,播种后出苗快。垄体深松后,有利于雨水的入渗,形成地下水库,垄沟有秸秆覆盖,可以防止土壤水分蒸发同时抑制杂草萌发。作业成本与旋耕整地持平或略低,作业效率高于旋耕整地。

适用范围

秸秆全量还田地块。

注意事项

作业速度不要过快。

技术来源：东北农业大学工程学院
咨询人与电话：杨悦乾 13796175248

小型稳压滴灌机

装备简介

小型稳压滴灌机（专利号 ZL201520576100.9），通过变频调节，可按要求控制水压和灌水量。该设备结构简单，使用方便，能够通过变频设备使水泵始终保持一个稳定的输出压力，大大降低了滴灌机的体积，运输也更加方便。

技术要点

（1）该设备根据试验要求，通过变频调节，能够灵活控制水压，保证水分均匀分布。

（2）该设备每个处理进水口都有独立开关，根据试验设计，保证定量灌水。

适用范围

适宜在有灌溉条件且年降雨不均的地块。

注意事项

确保变频调节值在规定范围内，严禁超负荷工作。定期清洗进水口过滤网。

技术来源：黑龙江省农业科学院佳木斯分院
咨询人与电话：张春峰 13504547588

一种心土培肥耕作机械

装备简介

心土培肥耕作机械（专利号 ZL201520589429.9），通过拖拉机牵引，可进行耕层深翻，心土层深松和培肥的作业。本装置机械结构简单，可操作性强，制造难度低。实现了改良心土层土壤不良物理性质的同时，也改良了化学性质的双重目的。

技术要点

该装置一次耕作可完成翻转表土层、破碎和心土层培肥土壤，将 3 项作业结合为一体。

适用范围

适宜所有瘠薄土壤。

注意事项

在设备使用过程中，要及时清理肥料箱和下料管，以防堵塞。

　　技术来源：黑龙江省农业科学院土壤肥料与环境资源研究所

　　咨询人与电话：王秋菊　13945151855

大豆高产栽培技术模式

大豆大垄密植技术模式

技术目标

依靠深松技术，增加土壤库容，保水抗旱，较常规垄作能够增产 10% 左右。

技术要点

前茬作物机械收获（秸秆移除或粉碎抛撒）→秋季秋翻起垄或秋深松起垄→春季播种大豆→镇压→化学除草→中耕管理→秋季机械收获、秸秆粉碎抛撒→留茬或深松整地越冬→翌年春季播种玉米。

适宜地区

黑龙江省中部和北部地区。

注意事项

土壤墒情较差时宜适当深播，土壤墒情较好时宜浅播。进行"大垄密"播种地块的整地在伏秋整地后，要起平头大垄，并及时镇压，达到耕层土壤细碎、疏松、地面平整。

技术来源：东北农业大学农学院

咨询人与电话：龚振平　0451-55190134

坡耕地玉米—大豆轮作体系下的免耕横坡种植技术模式

技术目标

可解决坡耕地（1.5°～5.0°）在常规种植技术条件下土壤侵蚀加剧，生产力不断下降的问题，保证黑土区粮食供给能力。

技术要点

坡耕地拉平耕层→秋季不进行任何翻耕处理→作物秸秆还田覆盖→春季播种→秋季收获→作物秸秆还田覆盖→前茬作物茬口垄间播种。

适宜地区

黑龙江省黑土区 <5° 坡耕地。

注意事项

由于秸秆覆盖物较多，春季播种时要把前茬垄间秸秆进行适当清理，保证后茬作物出苗。

　　技术来源：中国科学院东北地理与农业生态研究所

　　咨询人与电话：李彦生　0451-86602737

窄行密植大豆高效种植技术模式

技术目标

采用半矮秆耐密植大豆品种、机械化窄行密植播种技术，实现大豆增产 10% 以上，亩增效 60元以上。

技术要点

前茬玉米机械收获、秸秆粉碎抛撒→秋季翻地→整平后待春季平播或起 110 厘米或 130 厘米大垄→播种窄行大豆→化学除草→秋季机械收获、秸秆粉碎抛撒→深松整地→翌年春季播种玉米。

适宜地区

东北地区松嫩平原和三江平原。

注意事项

选择秆强、耐密植的半矮秆大豆品种，合理密植，适宜公顷保苗密度一般 40 万～45 万株。

技术来源：黑龙江省农业科学院佳木斯分院
咨询人与电话：张敬涛 0454-8351081

大豆高效节水灌溉技术

技术目标

通过节水灌溉，水分、肥料和生长调节剂的相互作用，促进大豆高产群体结构的形成和大豆品种产量潜力的挖掘。保证全生育期水分的需求，亩产大豆 200 千克以上。

技术要点

选择秆强、抗倒伏品种。实行配方施肥或平衡施肥。在大豆盛花至鼓粒期如天气干旱，采用滴灌或喷灌方式进行灌溉。每次灌溉水量以 20 毫米（200 吨／公顷）为宜。

适宜地区

东北地区松嫩平原和三江平原。

注意事项

在大豆初花期至盛花期，可酌情用化控剂进行调控，防止后期倒伏。适时防治病虫害。

　　技术来源：东北农业大学国家大豆工程技术
研究中心

　　咨询人与电话：李远明　13845117829

三段式心土混层犁改良白浆土
种植大豆技术模式

技术目标

可实现表土层位置不变，白浆层与淀积层混拌的目的。该机械混拌率达 70%。一次改土大豆平均增产 15%～20%，改土后有效 7～10 年。

技术要点

铧式犁耕作表土深度以不翻到白浆层为实际耕深指标，一般为 18～22 厘米；破碎白浆层的第二犁耕作深度为铧式犁下 20 厘米，第三心土犁耕作深度为第二心土犁下 10 厘米，总耕作深度为 50～55 厘米。

适用范围

适宜旱地白浆土及其同类型的低产土壤。

注意事项

改土作业宜在秋季进行。

技术来源：黑龙江省农业科学院土壤肥料与环境资源研究所

咨询人与电话：王秋菊　0451-86618050

麦茬夏大豆高产栽培技术

技术目标

针对麦茬夏大豆生产上"苗不匀""易倒伏"和"营养不足"等突出问题。通过配套技术措施，提高了大豆抗逆性。亩增产20～40千克，亩增效益100元以上。

技术要点

底肥每亩地施用氮磷钾复合肥（N：P：K=15：15：15）20千克。一般行距45～50厘米，亩留苗密度1.3万～1.5万株。

初花期至花后10天结合灌水追施尿素5千克左右。鼓粒期至成熟期喷施叶面肥。

适宜地区

河北省中南部麦茬夏大豆种植区。

注意事项

麦收后注意抢时、抢墒早播。

技术来源：河北省农林科学院粮油作物研究所
咨询人与电话：闫龙，邸锐 0311-87670626

黄淮海夏大豆麦茬免耕覆秸
精量播种技术

技术目标

集成根瘤菌接种、精量播种、侧深施肥（药）、地下害虫防控、封闭除草、秸秆覆盖等单项技术。可增产大豆10%以上，水分、肥料利用率提高10%以上，亩增收节支60元以上。

技术要点

小麦收获茬高30厘米。大豆种子表面均匀拌根瘤菌。采用麦茬地大豆免耕覆秸播种机进行精量点播，亩施0.5%毒死蜱微胶囊复合毒肥（N∶P∶K=15∶15∶15）10千克，侧深施入。

适宜地区

黄淮海地区麦豆一年两熟区。

注意事项

注意防控根腐病、蛴螬等地下病虫害。

技术来源：中国农业科学院作物科学研究所
咨询人与电话：吴存祥　010-82105865

大豆植保与施肥技术

生防木霉菌 M1M2 防治大豆菌核病
技术模式

技术目标

可解决大豆封垄期菌核病发病时药液难以落到茎部侵染的发病部位问题。自主筛选的生防木霉菌株 M1M2 的防效达到了 69.1%。

技术要点

在大豆菌核病发生严重的地块，翌年对大豆菌核病的防治次数要进行两次，大豆 3~4 片真叶期、大豆封垄前。不严重地块，在大豆封垄前防治一次即可。在两垄大豆之间的土壤垄沟中喷雾生防菌 M1M2 菌液。

适宜地区

东北地区松嫩平原和三江平原。

注意事项

喷雾操作时尽量选择在早晨或者晚间进行，

要避免在大太阳底下喷雾操作。

　　技术来源：黑龙江省农业科学院植物保护研
究所

　　咨询人与电话：王芊　0451-86668729

除草剂防除大豆田杂草技术——播后苗前土壤封闭处理

技术目标

可有效防除大豆田一年生禾本科、阔叶杂草，防效可达 90% 以上。对多年生杂草也有很好的抑制作用。

技术要点

在大豆播种后出苗前土壤喷雾处理。选用11003 型、11004 型扇形喷嘴，配 50 筛目柱型防滴过滤器。人工背负式喷雾器，喷雾压力 2～3 个大气压，喷液量 225～300 升 / 公顷。喷杆喷雾机，压力 2～3 个大气压，喷液量 450～600 升 / 公顷。

（1）900 克 / 升乙草胺 120～150 毫升 / 亩（或960 克 / 升精异丙甲草胺 100～120 毫升 / 亩）+75% 噻吩磺隆 3 克 / 亩混用。

（2）900 克 / 升乙草胺 120～150 毫升 / 亩 +480 克 / 升异噁草松 50～70 毫升 / 亩 +72% 2,4-滴丁酯 50 毫升 / 亩混用。

（3）直接购买正规厂家生产，并登记的噻吩磺隆·乙草胺混剂、乙草胺·异噁草松·2,4-滴丁酯混剂，并按厂家说明书使用。

适用范围

大豆田旱田杂草的防除。

注意事项

（1）土壤处理要求整地质量好，做到整平耙细。对土壤湿度也有一定的要求，最好是在降雨后施药，如果春季干旱，施药后无降雨或灌溉条件，应采用机械浅混土确保药效。

（2）根据土壤有机质含量选择用药量。喷药操作时尽量选择每天的早晚或风力较小的时段，避开大风天。

技术来源：黑龙江省农业科学院植物保护研究所

咨询人与电话：王宇　13945097909

除草剂防除大豆田杂草技术——
茎叶处理

技术目标

配合土壤封闭处理技术，有效防除杂草。

技术要点

大豆1~2片复叶，禾本科杂草3~5叶，阔叶杂草株高5厘米以下时茎叶喷雾处理。选用80015型扇形喷嘴，配100筛目柱型防滴过滤器。人工背负式喷雾器，喷雾压力2~3个大气压，喷液量100~150升/公顷。喷杆喷雾机压力3~4个大气压，喷液量100升/公顷。选用以下混用配方或混剂。

（1）250克/升氟磺胺草醚80~100毫升/亩+108克/升高效氟吡甲禾灵35~50毫升/亩（或50克/升精喹禾灵70~90毫升/亩或240克/升烯草酮30~40毫升/亩或12.5%烯禾啶100~120毫升/亩）。

（2）250克/升氟磺胺草醚60~80毫升/亩+480克/升异噁草松50~70毫升/亩+108克/

升高效氟吡甲禾灵 35～45 毫升 / 亩（或 50 克 /
升精喹禾灵 70～90 毫升 / 亩或 240 克 / 升烯草
酮 30～40 毫升 / 亩或 12.5% 烯禾啶 100～120 毫
升 / 亩）。

（3）250 克 / 升氟磺胺草醚 60～80 毫升 / 亩
混加 480 克 / 升灭草松 100 毫升 / 亩混加 108 克 /
升高效氟吡甲禾灵 35～45 毫升 / 亩（或 50 克 /
升精喹禾灵 70～90 毫升 / 亩或 240 克 / 升烯草
酮 30～40 毫升 / 亩或 12.5% 烯禾啶 100～120 毫
升 / 亩）。

适用范围

大豆田旱田杂草的防除。

注意事项

（1）温度 13～27℃，空气相对湿度大于
65%，风速小于 4 米 / 秒施药。

（2）根据施药时杂草大小选择用药量。

技术来源：黑龙江省农业科学院植物保护研
究所

咨询人与电话：王宇　13945097909

玉米大豆轮作体系下减少化肥用量的施肥技术模式

技术目标

在玉米—大豆轮作体系下减少化肥施用量和施用次数，增施有机肥，实现大豆种植效益不降低同时增强环境质量。

技术要点

前茬玉米收获、秸秆充分粉碎→还田翻入土层20厘米左右→施入完全腐熟牛粪肥→整地呈待播状态→春季大豆不施用任何肥料进行播种→秋季收获→大豆秸秆还田→翌年春季播种玉米。

玉米施肥：种肥每公顷二铵150千克，尿素75千克，硫酸钾50千克；追肥尿素225千克/公顷（6叶期）；有机肥15~20吨/公顷。

适宜地区

黑龙江省黑土区第二、第三积温带。

注意事项

施入完全腐熟牛粪肥。

技术来源：中国科学院东北地理与农业生态研究所

咨询人与电话：李彦生　0451-86602737

第二篇
棉花高产栽培技术

棉花优质高产品种

鄂杂棉 34

品种来源

湖北省种子集团有限公司和湖北省农业科学院经济作物研究所用 8142 作母本，F-29 作父本配组育成的杂交棉花品种。

特征特性

属转 *Bt* 基因杂交一代抗虫棉品种。植株塔型，稍松散，生长势较强，整齐度较好。茎秆较粗，有稀茸毛。叶片中等大，叶色淡绿，苞叶较大。铃卵圆形、较大，铃尖突起弱，吐絮畅。区域试验中株高 115.5 厘米，果枝数 17.2 个，单株成铃数 28.0 个，单铃重 6.46 克，大样衣分41.97%，子指 11.2 克。生育期 128.0 天。霜前花率 90.4%。抗病虫性鉴定为耐枯萎病、耐黄萎病，抗棉铃虫。

适宜地区

适于湖北省棉区种植。

注意事项

枯萎病、黄萎病重病地不宜种植。

技术来源：湖北省农业科学院经济作物研究所
咨询人与电话：张教海　17786437262

Qs05

品种来源

用 TM06 作母本，ZS1108 作父本配组育成的杂交棉花品种。

特征特性

属转 *Bt* 基因杂交一代抗虫棉品种。植株塔型，较松散，通透性较好，茎秆无茸毛，生长势较强，整齐度较好。叶片中等大，叶色深绿色，苞叶中等大小。铃卵圆形、中等大小，铃尖突起较弱，吐絮畅。区域试验中株高 133.3 厘米，果枝数 18.7 个，单株成铃数 31.4 个，单铃重 6.36 克，大样衣分 41.19 克，子指 11.5 克。生育期 124.1 天，霜前花率 92.8%。抗病虫性鉴定为耐枯萎病、耐黄萎病，抗棉铃虫。

适宜地区

适于湖北省棉区种植。

注意事项

枯萎病、黄萎病重病地不宜种植。

技术来源：湖北省农业科学院经济作物研究所
咨询人与电话：张教海　17786437262

中棉 1279

品种来源

用鲁研棉 28 号作母本，中 1027009 作父本配组育成的杂交棉花品种。

特征特性

属转 *Bt* 基因杂交一代抗虫棉品种。植株塔型，较松散，通透性较好，茎秆有稀少茸毛。叶片中等大小，叶色绿色，苞叶中等大小，铃卵圆形、较大，铃尖突起中等。区域试验中株高 124.9 厘米，果枝数 18.9 个，单株成铃数 31.0 个，单铃重 6.16 克，大样衣分 41.93%，子指 10.9 克。生育期 127.6 天。霜前花率 87.9%。抗病虫性鉴定为耐枯萎病、耐黄萎病，低抗棉铃虫。

适宜地区

适于湖北省棉区种植。

注意事项

枯萎病、黄萎病重病地不宜种植。

技术来源：湖北省农业科学院经济作物研究所
咨询人与电话：张教海　17786437262

华杂棉 H318

品种来源

选育单位为华中农业大学，品种审定编号为国审棉 2009018。

特征特性

2007—2008 年参加长江流域棉区中熟组区域试验，两年平均籽棉、皮棉和霜前皮棉亩产分别为 246.3 千克、101.9 千克、95.5 千克，分别比对照湘杂棉 8 号增产 4.7%、9.7%、10.5%。

适宜地区

适宜在江苏省、安徽省淮河以南，江西省北部等沿海长江流域棉区春播种植。

注意事项

应严格按照农业转基因生物安全证书允许的范围推广，黄萎病重病地不宜种植。

技术来源：华中农业大学植物科技学院
咨询人与电话：郭小平　13554009126，张教
海　17786437262

中棉所 63

品种来源

原品种代号为中 001。以常规陆地棉新品系 9053 为母本，以国产双价转基因（*Bt*+*CpTI*）抗虫棉新品种改良系 sGK9708 选系 P4 为父本，配制成的双价转基因抗虫棉杂交种（F_1 代）。

特征特性

特征特性：出苗较好，植株塔形，株高中等，果枝紧凑，茎秆茸毛少，叶片中等大小，叶色较深，铃卵圆形，吐絮畅。生育期 125 天，铃重 5.71～6.6 克，衣分 40.9%～41.52%，子指 9.81～10.3 克，霜前花率 88.57%～93%，僵瓣率 4.4%～12.24%。耐枯萎病，耐黄萎病。高抗棉铃虫，高抗红铃虫。

适宜地区

适宜在湖北省、安徽省淮河以南（盐城市除外），浙江省沿海的长江流域棉区春播种植。

注意事项

按照转基因生物安全允许的范围推广。

技术来源：湖北省农业科学院经济作物研究所
咨询人与电话：张教海　17786437262

苏杂 6 号

品种来源

用 YL02-1 与 JS1107 杂交配组育成。

特征特性

转抗虫基因中熟杂交一代品种，长江流域棉区春播生育期 122 天；出苗较好，苗期长势强，中后期长势较弱，整齐度好，不早衰。株型紧凑，株高 109 厘米，茎秆粗壮、茸毛多，果枝较长、平展，叶片较大、深绿色，第一果枝节位 6.1 节，单株结铃 26.3 个，铃卵圆形，吐絮畅，单铃重 5.9 克，衣分 40.8%，子指 10.4 克，霜前花率 94.6%。耐枯萎病，耐黄萎病，高抗棉铃虫，高抗红铃虫；HVICC 纤维上半部平均长度 30.3 毫米，断裂比强度 29.4cN/tex，马克隆值 5.1，纺纱均匀性指数 145。

适宜地区

适宜在江苏、安徽两省淮河以南等地种植。

注意事项

按照转基因生物安全允许的范围推广。

技术来源：湖北省农业科学院经济作物研究所
咨询人与电话：张教海 17786437262

荆杂棉 166

品种来源

荆州农业科学院选育。

特征特性

属转 *Bt* 基因棉花品种。植株较高，塔型较松散，生长势较强。茎秆光滑，茎秆较软易弯腰。叶片中等大，叶色稍淡。花药白色。铃卵圆形，有铃尖，铃较大，结铃较均匀，吐絮畅。区域试验中株高 132 厘米，果枝数 18.8 个，单株成铃数 27.2 个，单铃重 6.15 克，大样衣分 40.57%，子指 10.4 克。生育期 121.3 天，霜前花率 89.81%。2.5% 跨长 28.7 毫米，比强 29.2cN/tex，马克隆值 5.0。抗病性鉴定为耐枯萎病、黄萎病。

适宜地区

适宜于湖北省棉区种植。

注意事项

枯萎病、黄萎病重病地不宜种植。

技术来源：湖北省农业科学院经济作物研究所
咨询人与电话：张教海　17786437262

棉花高产栽培技术

棉花超高产设计栽培技术

技术目标

形成长江流域棉花超高产（亩产400千克）目标产量设计栽培技术体系。

技术要点

（1）合理株行配置。棉花行距控制在90～100厘米等行种植，控制株距在35厘米左右。密度要保证在1 800～2 000株/亩。

（2）全程主动化调。果枝控制在22个左右，棉花株高控制在130厘米左右。

（3）保证基本桃数。保证每层果枝2～3个桃，亩成铃8万个以上，籽棉目标单产400千克/亩以上。

（4）施肥。应用高效缓控释肥料。氮：磷：钾=1:0.5:1，纯氮施用总量为315千克。

适宜地区

适宜湖北省棉区采用。

注意事项

前期应当注意防渍害，中期防旱害。

技术来源：湖北省农业科学院经济作物研究所
咨询人与电话：张教海　17786437262

棉花基质育苗移栽技术

技术目标

基质育苗技术是轻简化育苗技术之一，通过制定通俗易懂，操作简单的标准，实现轻简化育苗技术本地化应用。

技术要点

（1）育苗物质准备。每平方米苗床需准备育苗基质8.5千克左右，促根剂50毫升，保叶剂25克。

（2）苗床建设。苗床面积：每平方米苗床可育300～500株苗，每亩大田需苗床5～6平方米。

（3）移栽前管理。喷施保叶剂。移栽当天或前1天喷保叶剂，应稀释到15倍，每平方米苗床需喷稀释后的保叶剂375毫升左右。

适宜地区

适宜湖北省棉区采用。

注意事项

小拱棚育苗时采用遮阳网，掌握温度，防高温烧苗。

技术来源：湖北省农业科学院经济作物研究所
咨询人与电话：张教海 17786437262

棉花穴盘育苗移栽技术

技术目标

穴盘基质育成的棉苗病少，健壮，成苗率高，栽后缓苗期短，成活率高。

技术要点

（1）育苗物质准备。按每亩移栽 1 800 株，100 孔的育苗穴盘 20 个，穴盘规格 590 毫米 ×320 毫米 ×40 毫米；育苗专用抗旱保水剂 20～30 克。

（2）装填保水剂和基质。于播种前一晚，将育苗专用保水剂放入容器中，按 1∶120 比例加水。按每孔两粒装盘。把棉花育苗专用基质装入穴盘，用小木（竹）片赶平即可。

适宜地区

适宜湖北省棉区采用。

注意事项

苗床底部铺上农膜。

技术来源：湖北省农业科学院经济作物研究所

咨询人与电话：张教海　17786437262

海陆嫁接棉规模化育苗技术

技术目标

利用海岛棉砧木与陆地棉进行嫁接，可以防治棉花的土传病害，增强棉花的抗逆性，提高棉花对肥水的利用效率，并能提高棉花产量。

技术要点

（1）品种选择：砧木选择抗黄萎病、根系发达、生长旺盛的海岛棉品种。

（2）嫁接时间：砧木和接穗从子叶展平到1叶1心均可以嫁接。

（3）嫁接方法：将砧木棉茎上部按30°～45°的角度斜切，斜面3.5～4.5毫米长，套上胶管；将接穗插入套管中，让切口吻合。

适宜地区

适宜湖北省棉区采用。

注意事项

海陆嫁接棉育苗一般在瓜果蔬菜育育苗大棚

中进行。

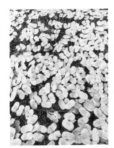 

技术来源：湖北省农业科学院经济作物研究所
咨询人与电话：张教海　17786437262

饲料粮（油）棉花连作栽培技术

技术目标

麦（油）棉两熟是长江流域棉区主要种植模式，它对促进畜牧业发展、提高棉田收益、促进棉农增收意义深远。

技术要点

（1）小麦（油菜）施肥。麦（油）棉两熟棉田一般不施肥料，也可在3月中下旬每亩施15千克复合肥或8～10千克尿素作提苗拔节肥。

（2）棉花播种育苗。移栽棉花在4月上中旬采用营养钵双膜覆盖育苗或穴盘基质育苗。

（3）棉花种植密度。移栽棉每亩移栽密度2 000株左右，直播棉3 500株左右。

适宜地区

适宜湖北省棉区采用。

注意事项

科学化调，适时整枝，培养高产株型。

技术来源：湖北省农业科学院经济作物研究所
咨询人与电话：张教海　17786437262

西瓜套种棉花绿色高效生产技术

技术目标

西瓜套栽棉花绿色高效种植模式在湖北省主要集中在宜城、钟祥、松滋及荆州等地。该技术可增强农业抗风险能力，达到增产增收的目的。

技术要点

（1）施肥总量：亩施用 N 25～30 千克，P_2O_5 10 千克，K_2O 22 千克，硼锌 0.5 千克。

（2）基肥：亩施 N 10 千克，P、K、硼锌全部基施。

（3）追肥：幼瓜鸭蛋大小时亩追施尿素 15 千克。

（4）花铃肥：亩追施尿素 15～20 千克。

（5）盖顶肥：打顶后，亩追施尿素 8～10 千克。

适宜地区

适宜湖北省棉区采用。

注意事项

及时整枝打杈，及时去叶枝，抹赘芽，做到"枝不过寸，芽不过指"。缺苗处适当留叶枝。

技术来源：湖北省农业科学院经济作物研究所
咨询人与电话：张教海　17786437262

棉花马铃薯间套连作栽培技术

技术目标

推广棉薯模式有利于稳棉增粮，同时减少冬闲地，提高土地利用率，促进棉农增收。

技术要点

（1）施肥：结合耕地施好基肥，基肥中每亩施腐熟农家肥 1 000～1 500 千克，20% 左右的氮肥、全部磷肥、50% 的钾肥作基肥。每亩需施三元复合肥（N、P、K 含量均为 16%）20～25 千克，过磷酸钙 25～30 千克，氯化钾 5～6 千克。

（2）播种期：马铃薯收获后，抢时、抢墒播种，一般在 5 月中下旬至 6 月初播种。

（3）种植密度：采取 76 厘米等行距播种，密度 4 000～5 000 株 / 亩，株距 17.6～21.9 厘米。

适宜范围

适宜湖北省棉区采用。

注意事项

脱叶催熟喷药时间为棉花自然吐絮率达到40%～60%，日平均气温在18℃以上。

技术来源：湖北省农业科学院经济作物研究所
咨询人与电话：张教海　17786437262

机采棉脱叶催熟技术

技术目标

棉花脱叶与催熟技术可以提高机械化采棉的采摘率和作业效率，降低机采棉的含杂率，减少机收籽棉的污染，提高机械化采棉质量。

技术要点

（1）农艺及品质指标要求。始果节高度大于 18 厘米，对脱叶剂敏感，株高控制在 75 厘米左右。单铃重 5.0 克以上，衣分 40.0% 以上，2.5% 跨距长度 30.0 毫米以上，比强度 30.0cN/tex 以上。

（2）脱叶催熟剂用量。调节剂型的脱叶剂折合成纯噻苯隆的用量宜在 150～300 克/公顷。脱吐隆一般达到 225 毫升/公顷，50% 噻苯隆可湿性粉剂一般达到 600 克/公顷。

适宜地区

适宜新疆南疆与北疆机采棉区采用。

注意事项

脱叶剂的配药采用"二次稀释"，混合均匀。

技术来源：新疆农业大学
咨询人与电话：赵强　15299159637

免整枝棉花密植重控栽培技术

技术目标

免整枝简化管理技术与适度密植、适度重控相结合，亩可减少用工 5 个以上，每亩可增收籽棉 30～50 千克。

技术要点

（1）播种。采用棉花播种机直播，播种量 1.0～1.5 千克/亩，播种深度 2 厘米，80 厘米等行距种植。

（2）施肥。中等肥力棉田，施用纯氮 8～12 千克/亩、五氧化二磷 4～6 千克/亩、氧化钾 6～8 千克/亩，施肥配方比例 $N : P_2O_5 : K_2O$ 为 2∶1∶1.5。磷肥、钾肥在施底肥时一次施入；氮肥底肥占 40%～50%、追肥占 50%～60%。

适用范围

黄河流域棉区一熟、两熟棉花栽培管理。

注意事项

及时化控，防止棉花疯长。

技术来源：中国农业科学院棉花研究所
咨询人与电话：张思平　13569031272

棉田土壤耕层重构技术

技术目标

土壤耕层重构的关键技术环节，具有提高土壤蓄水保墒能力，减轻棉花后期黄萎病与早衰发病程度，提高棉花产量。

技术要点

（1）主副旋转深翻犁进行深耕。一次将 0～20 厘米土壤与 20～40 厘米土壤互换，同时深松 40～60 厘米土壤。

（2）施肥。在土壤耕层重构后棉田，播前每亩撒施尿素 15～20 千克、磷酸二铵 10～12 千克、氯化钾 20～25 千克。

（3）密度为 3 000～3 200 株 / 亩。

适用范围

本技术适用于华北平原一熟连作棉田。

注意事项

使用专用的主副旋转深翻犁进行深耕。

旋转深翻型深耕

土壤耕层重构技术示范

技术来源：河北省农林科学院棉花研究所
咨询人与电话：张思平　13569031272

滨海盐碱地大麦后直播棉轻减高效栽培技术

技术目标

每亩可省 5～10 个工，化学氮肥减施 20% 以上，可收获籽棉 300～400 千克，经济效益显著。

技术要点

（1）施肥：定苗后及时施苗肥，每亩施硫酸钾型三元复合肥（15-15-15）30～40 千克，棉花专用微肥 1 千克。开花期（7 月下旬至 8 月初）深施硫酸钾型三元复合肥（15-15-15）50～60 千克。

（2）化学调控：开花期每亩用保铃素 20 毫升，打顶 1 周后用 25% 助壮素 10 毫升兑水 30 千克喷施。

适用范围

黄淮棉区大麦—棉花连作种植模式。

注意事项

前茬作物收获，后茬棉花抢时、抢墒播种。

技术来源：南京农业大学农学院
咨询人与电话：张思平　13569031272

棉花水肥管理技术

膜下滴灌高产棉花水分管理技术

技术目标

该技术可解决新疆滴灌（棉花经验灌溉）导致的棉花水分利用效率低、水资源浪费严重的现状和关键问题，亩节本增效 30 元以上。

技术要点

（1）灌水周期。苗期、蕾期灌溉较少或不灌溉，蕾期灌水周期为 9～10 天，花铃期灌水周期为 6～8 天，盛铃期以后灌水周期为 9～11 天。

（2）施肥。按照"前轻、中重、后补"的施肥原则，氮磷钾配比为 1：0.4：0.1，施尿素 50～60 千克/亩、二铵 25～35 千克/亩、钾肥 7～10 千克/亩。

适用范围

适用于新疆膜下滴灌棉花生产。

注意事项

水分管理的关键时期是花铃期，耗水量需达到 305～400 毫米。

技术来源：石河子大学

咨询人与电话：吕新　13909931721

膜下滴灌高产棉花施肥技术

技术目标

该技术可解决新疆滴灌（棉花经验施肥）导致的棉花肥料利用效率低、化肥浪费严重的现状和关键问题，实现棉花节肥 15% 以上。

技术要点

氮肥追肥管理。生育期基肥与追肥施氮肥比例优化为：基肥 40%，蕾期追肥 5.63%～6%，初花期追肥 4.5%～4.97%，盛花期追肥 16.38%～18.75%，花铃期追肥 16.5%～18.87%，盛铃期第一次追肥 4.5%～8.36%，盛铃期第二次追肥 5.89%～9.75%。

适用范围

适用于新疆膜下滴灌棉花生产。

注意事项

氮肥适宜将较大比例用作追肥，地力差的农田需要注意施用基肥。

膜下滴灌棉花施肥装置

技术来源：石河子大学
咨询人与电话：吕新　13909931721

膜下滴灌高产棉花水肥耦合调控管理技术

技术目标

提高水肥利用率，实现棉花节肥 15% 以上，节水 20% 以上。

技术要点

生育期水肥运筹调控参考下表。

表　水肥耦合调控管理

生育阶段		基肥	现蕾-初花	初花-盛花	盛花-盛铃	盛铃-吐絮	吐絮期	全生育期
水分	分配比例（%）		5	20	35	35	5	100
	参考灌水量		13~14	52~56	91~98	91~98	13~14	260~280
	灌水次数		1	2	3	3	1	10
氮肥	沙土分配比例（%）	15	15	30	25	15		100
	壤土分配比例（%）	15	15	30	30	10		100

（续表）

生育阶段		基肥	现蕾-初花	初花-盛花	盛花-盛铃	盛铃-吐絮	吐絮期	全生育期
氮肥	黏土分配比例（%）	15	20	30	25	10		100
	随水施肥次数		1	2	2	1		6

适用范围

适用于新疆膜下滴灌棉花生产。

注意事项

当灌溉量达 5 047 立方米/公顷时，干物质水分利用效率开始下降。

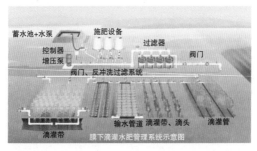

膜下滴灌水肥管理系统示意图

技术来源：石河子大学
咨询人与电话：吕新　13909931721

膜下滴灌高产棉花水肥一体化
精准管理技术

技术目标

建立了"作物养分快速监测→施肥配方决策→决策指令发送→施肥装置自动配肥施肥"滴灌智能化施肥装置。施肥均匀度95%以上，节约肥料8%～12%。

技术要点

利用 GreenSeeker 快速、准确地获取棉花冠层 NDVI，建立棉花关键生育时期的光谱诊断模型，实现棉花快速实时的追肥推荐。

适用范围

适用于新疆膜下滴灌棉花生产。

注意事项

需选取晴朗无云的天气，获得棉花养分光谱信息。

技术来源：石河子大学
咨询人与电话：吕新 13909931721

棉花病虫害防治技术

棉花苗期立枯病综合防控技术

技术目标

该技术能有效减轻棉花苗期立枯病发生为害，提高田间出苗保苗率，为棉花提质增效、农民节本增收提供保障。

技术要点

化学防治：在棉花幼苗 2 叶期遇到降雨低温时，叶面喷施 0.01% 芸薹素内酯和 50% 多菌灵可湿性粉剂、65% 代森锌可湿性粉剂、70% 甲基硫菌灵可湿性粉剂、36% 三氯异氰尿酸可湿性粉剂或 20% 噻菌铜悬浮剂等保护性杀菌剂。

适宜地区

适宜新疆棉花主栽区。

注意事项

5 厘米地温稳定在 12℃ 以上时即刻播种。

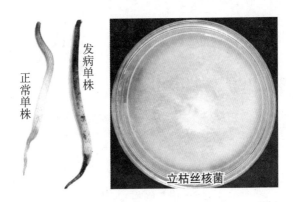

正常单株

发病单株

立枯丝核菌

　技术来源：新疆农业科学院核技术生物技术研究所

　咨询人与电话：雷斌　0991-4593268

棉花苗期红腐病综合防控技术

技术目标

该技术实能有效减轻棉花苗期红腐病发生为害，提高田间出苗保苗率，为棉花提质增效、农民节本增收提供保障。

技术要点

化学防治：50%多菌灵、70%甲基硫菌灵可湿性粉剂按用种量0.6%进行拌种，或用25克/升咯菌腈等悬浮种衣剂进行包衣。在棉花幼苗期遇到持续降雨低温时，叶面喷施0.01%芸薹素内酯和50%多菌灵可湿性粉剂等保护性杀菌剂。

适宜地区

适宜于新疆棉花主栽区。

注意事项

播前除草剂要求喷洒均匀。

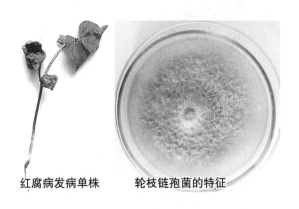

红腐病发病单株　　　轮枝链孢菌的特征

技术来源：新疆农业科学院核技术生物技术研究所

咨询人与电话：雷斌　0991-4593268

第三篇
油菜高产栽培技术

油菜优质高产品种

华油杂 62 及抗根肿病的华油杂 62R

品种来源

华油杂 62R 是抗根肿病性改良的华油杂 62 号，华中农业大学选育。2010 年、2011 年通过国家农作物品种审定委员会审定（长江中游区、长江下游和春油菜区）。

特征特性

甘蓝型油菜半冬性波里马细胞质雄性不育系杂交种。苗期长势中等，半直立，叶片缺刻较深，叶色浓绿，叶缘浅锯齿，无缺刻，叶片无刺毛。花瓣大、黄色、侧叠。全生育期 140.5 天；株高 157.11 厘米，千粒重 4.11 克。低抗菌核病，抗倒性强。

2017 年 2 月，在湖北枝江对华油杂 62R 根肿病抗性进行现场鉴定，专家认为高抗根肿病。

技术要点

春播油菜区：4 月初至 5 月上旬播种，播种量为 0.40～0.50 千克 / 亩。苗期防治跳甲和茎象甲，花角期防治小菜蛾、蚜虫、角野螟等害虫。

　　冬播油菜区：适期播种、合理密植、科学施肥、病虫防治、清沟排湿。

　　技术来源：华中农业大学
　　咨询人与电话：文静　027-87281900

华油杂 13 号

品种来源

由华中农业大学选育，品种登记编号为 GPD 油菜（2017）420068。

特征特性

甘蓝型半冬性温敏型波里马细胞质不育两系杂交种。生育期231天。幼苗直立，苗期叶圆叶型，叶深绿色，裂叶 2～3 对。茎绿色。花瓣重叠。种子黑褐色，近圆形。株型扇形较紧凑，中上部分枝类型。

技术要点

（1）适期播种。9 月 20 日至 10 月 10 日播种。
（2）合理密植。直播 25 000 株 / 亩以上。
（3）防治菌核病等病虫害。

适宜地区

长江上中下游等冬油菜主产区。

技术来源：华中农业大学
咨询人与电话：杨光圣　027-87281732

华双 5R

品种来源

华双 5 号为母本，CD04 为父本杂交，后以华双 5 号为轮回亲本回交，选择优良抗病植株花蕾离体小孢子培养加倍形成双单体系（DH）。

特征特性

株高中等，单株有效角果数 201.1 个，每角粒数 17.4 粒，千粒重为 3.8 克。高抗根肿病（4 号生理小种），中感菌核病。适宜湖北省、安徽省、四川省、重庆市、云南省和陕西省等根肿病区种植。

技术要点

（1）适时播栽：9 月下旬至 10 月上旬播种。

（2）合理密植：密度 1.8 万～3 万株。

（3）化学促控：苗床期间或年前徒长，可喷施多效唑（150 毫克 / 千克）进行控制。年前早薹早花，选晴天先追肥、后摘薹食用。

（4）防虫治病除草：及时除草，防治菌核病。

注意事项

使用原种一代，否则抗根肿病性减弱。

技术来源：华中农业大学
咨询人与电话：吴江生　13886014771

华 919

品种来源

华 919 是华中农业大学以国内外 5 个甘蓝型油菜品种为亲本，利用多基因型聚合杂交、结合小孢子培养快速纯合育成的高产、优质、多抗耐、适应性广、适应机械化生产的甘蓝型半冬性双低常规油菜新品种。

特征特性

湖北省区域试验试表明，该品种叶片绿色，顶叶较大，深齿叶缘，苗期长势强，株高 167.6 厘米，千粒重为 3.61 克。中抗菌核病，抗倒性较强。适宜在长江中游地区的湖北、湖南、江西等省冬油菜主产区种植。

技术要点

（1）适时早播早栽：育苗移栽的播种时间应为 9 月中旬，直播播种时间应在 9 月下旬至 10 月上旬。

（2）合理密植：直播密度为每亩 1.8 万～2.5

万株。

（3）科学施肥：早施重施底肥和苗肥、增施磷硼肥。

（4）可结合喷施化学药剂进行促控，及时防控病虫草害。

技术来源：华中农业大学

咨询人与电话：吴江生　13886014771

中油杂 19

品种来源

中国农业科学院油料作物研究所选育。中双11 号为母本，zy293 为父本，化学诱导雄性不育技术选育。

特征特性

全生育期 230 天。幼苗半直立，裂叶，叶缘无锯齿，叶片绿色。抗菌核病，抗倒性强，抗裂角。适宜长江流域油菜产区种植。

技术要点

（1）适时播种：长江流域直播在 9 月下旬到 10 月中旬。

（2）合理密植：直播 2.0 万～2.5 万株/亩。

（3）防治病害及鸟害。

　　技术来源：中国农业科学院油料作物研究所，武汉中油种业科技有限公司

　　咨询人与电话：刘贵华　13707148859

中油杂 200

品种来源

中国农业科学院油料作物研究所选育。品种登记号为 GPD 油菜（2017）420057。

特征特性

生育期 226.8 天。我国长江流域首个区试亩产油量超 100 千克的品种。该品种株高中等，株型紧凑，抗病、抗倒性强。适宜在长江中下游种植。

技术要点

（1）适时播种：直播在 9 月下旬到 10 月中旬播种。

（2）合理密植：直播 2.0 万～2.5 万株/亩。

（3）防治病害及鸟害。

技术来源：中国农业科学院油料作物研究所

咨询人与电话：王新发　13545084765

139

大地 199

品种来源

由中国农业科学院油料作物研究所选育。品种登记号为 GPD 油菜（2017）420058。

特征特性

苗期植株生长习性半直立，叶片颜色中等绿色。花瓣对位侧叠。角果较长、平生。低感菌核病，病毒病抗性强，抗倒性强，抗裂角性好。

技术要点

（1）适时早播：直播宜在 9 月下旬至 10 月上旬播种。

（2）合理密植：直播 15 000～25 000 株/亩。

适宜地区

适宜在长江中下游种植。

注意事项

注意防治病虫害、鸟害。

技术来源：中国农业科学院油料作物研究所
咨询人与电话：梅德圣　13667123201

阳光 2009

品种来源

中国农业科学院油料作物研究所选育。品种登记号为 GPD 油菜（2018）420036。

特征特性

甘蓝型半冬性常规种。苗期半直立，叶色较绿，叶片长度中等，裂叶深。花瓣长度中等，较宽，呈侧叠状。抗寒性、抗倒性强。

技术要点

（1）适时早播。直播 9 月下旬至 10 月上旬播种。

（2）合理密植。直播 1.5 万～2.0 万株/亩。

（3）防控病虫害。

适宜地区

适宜在长江中游种植。

技术来源：中国农业科学院油料作物研究所
咨询人与电话：王立辉 15871339003

丰油 730

品种来源

湖南省作物研究所选育。品种登记号为 GPD 油菜（2017）430084。

特征特性

品种冬前长势快，春后抽薹早，开花集中、花期长、植株矮壮、分枝多。菌核病、病毒病抗性较强。

技术要点

湖南直播播种期 10 月上旬至 10 月 25 日前。播种密度 2.0 万～3.5 万株/亩。及时防治病虫草害。稻田油菜注意渍害防控。

适宜地区

适宜湖南省、江西省、广西（广西壮族自治区，全书简称广西）稻—油两熟或稻—稻—油三熟制栽培。

技术来源：湖南省农业科学院作物研究所
咨询人与电话：李莓　13787111618

沣油 737

品种来源

湖南省农业科学院作物研究所选育。品种登记号为 GPD 油菜（2017）430090。

特征特性

甘蓝型半冬性细胞质雄性不育三系杂交种。幼苗半直立，叶色浓绿，叶柄短。花瓣深黄色。低感菌核病，抗倒性强。

技术要点

湖南直播播种期 9 月下旬至 10 月中旬，直播密度 2 万～3 万株 / 亩。及时防治病虫草害，稻田油菜注意渍害防控。

适宜地区

适宜长江中下游地区种植。

技术来源：湖南省农业科学院作物研究所

咨询人与电话：李莓 13787111618

宁杂 1818

品种来源

江苏省农业科学院经济作物研究所选育。品种登记号为 GPD 油菜（2018）320174。

特征特性

全生育期 229.05 天，株高 178.73 厘米。角果较长，果喙长。千粒重 4.09 克。低抗菌核病，耐寒性较强，抗倒性强。

技术要点

直播不晚于 10 月下旬，移栽 8 000 株/亩、直播 20 000 株/亩。薹肥适当晚施。

适宜地区

适宜在长江下游及陕西省南部冬油菜区种植。

技术来源：江苏省农业科学院经济作物研究所
咨询人与电话：张洁夫　025-84390657

宁杂 1838

品种来源

江苏省农业科学院经济作物研究所选育。品种登记号为 GPD 油菜（2018）320175。

特征特性

全生育期 229 天，株高 168.5 厘米，单株有效角果数 333.5 个，每角粒数 22.9 粒，千粒重 4.1 克。耐寒性较强，抗倒性强。

技术要点

直播不晚于 10 月末，移栽 7 000～8 000 株/亩、直播 2 万～3 万株/亩。薹肥以速效氮肥为主。花期防治菌核病。

适宜地区

适宜在长江下游种植。

技术来源：江苏省农业科学院经济作物研究所
咨询人与电话：付三雄　025-84390368

宁杂 559

品种来源

江苏省农业科学院经济作物研究所选育，2018 年完成品种登记。

特征特性

株高 161.36 厘米，苗期生长势强，成熟一致性高，低感菌核病。

技术要点

直播不晚于 10 月末，移栽 8 000 株 / 亩、直播 2 万～3 万株 / 亩。薹肥以速效氮肥为主。花期防治菌核病。

适宜地区

适宜在长江下游种植。

技术来源：江苏省农业科学院经济作物研究所

咨询人与电话：付三雄　025-84390368

蓉油 18

品种来源

成都市农林科学院作物研究所选育。品种审定编号为川审油 2011008 和国审油 2011002。

特征特性

单株有效角果 612.3 个，每果 14.3 粒，千粒重 3.56 克。感病毒病，耐寒力强。

技术要点

成都平原育苗移栽 9 月 15 日前后播种，密度 6 000 株／亩左右；中等肥力土壤亩用纯氮 12 千克／亩左右，底肥、追肥比例 1∶1，多施有机肥，苗期、果期药剂防治虫害。

适宜地区

四川省平丘区、长江上游冬油菜区及类似生态区种植。

技术来源：成都市农林科学院
咨询人与电话：杨进　13980090593

旺成油 8 号

品种来源

成都市农林科学院和仲衍种业股份有限公司选育。品种审定编号为川审油 2016004。

特征特性

裂叶 3～4 对，叶色深绿，叶柄长，叶缘锯齿状，薹茎微紫。角果近直生，中等大，果皮薄，种子圆形，种皮黑色光滑。

技术要点

成都平原育苗移栽 9 月 15 日前后播种，苗龄 30 天左右宽窄行壮苗移栽，密度 6 000 株 / 亩左右；亩用 0.5 千克硼砂和 50 千克过磷酸钙混合作底肥穴施；中等肥力土壤亩用纯氮 12 千克左右，底、追肥比例 1∶1，多施有机肥，苗期、果期药剂防治虫害。

适宜地区

适宜长江上游冬油菜区种植。

技术来源：成都市农林科学院
咨询人与电话：杨进　13980090593

川油 36

品种来源

四川省农业科学院作物研究所选育。品种审定编号为国审油 2010002、国审油 2009019、国审油 2008005。

特征特性

幼苗半直立，匀生分枝，叶色深绿，裂叶1～2 对，叶缘波状，黄色大花瓣。低抗菌核病、低抗至中抗病毒病。抗倒性强。

技术要点

播种期：直播 10 月 15—20 日播种。直播 0.8 万～1.0 万株/亩。

施肥及管理：一般亩施纯氮 10～15 千克，过磷酸钙 30～40 千克，氯化钾 8～10 千克，硼砂 0.5 千克，及时中耕除草，防治虫害。

适宜地区

适宜在长江上游、下游等主产区种植。

注意事项

及时防治蚜虫和菜青虫。

技术来源：四川省农业科学院作物研究所
咨询人与电话：李浩杰　028-84504528

川油 47

品种来源

四川省农业科学院作物研究所选育。品种审定编号为川审油 2015005。

特征特性

株高 212.45 厘米，单株有效角果数 496.05 个，每角粒数 16.7 粒，千粒重 3.49 克。抗菌核病。生育期 216 天。

技术要点

参照当地甘蓝型油菜高产栽培管理；适时防控病虫害。

适宜地区

四川省平坝、丘陵地区。

技术来源：四川省农业科学院作物研究所

咨询人与电话：李浩杰 028-84504528

渝黄 4 号

品种来源

西南大学选育。品种审定编号为国审油2009025。

特征特性

全生育期 222 天，幼苗半直立，叶片较大，叶色深绿，叶片无刺毛。种子褐黄色。匀生分枝类型。低抗菌核病。抗倒性强。

技术要点

长江上游区 9 月 5—20 日播种育苗（海拔高宜早，海拔低则迟）。12 月上旬重施"开盘肥"。苗期注意防治霜霉病、菜青虫和蚜虫。

适宜地区

适宜在四川省、重庆市、贵州省、云南省、陕西省汉中市及安康市的冬油菜主产区种植。

　　技术来源：西南大学，重庆市油菜工程技术研究中心

　　咨询人与电话：樊晋华　13752923681

渝油 28

品种来源

西南大学选育。品种审定编号为国审油 2013004、渝审油 2014002，品种登记号为 GPD 油菜（2017）500198。

特征特性

幼苗半直立，叶片较大，叶深绿色，裂叶 1～2 对，叶片无刺毛；匀生分枝类型。低感菌核病，感病毒病，抗倒性强。

技术要点

长江上游区 9 月 5—20 日播种育苗，移栽 6 000～8 000 株 / 亩；直播在 10 月上旬，留苗 2.0 万～2.5 万株 / 亩。

适宜地区

适宜在长江上游和陕西省汉中市、安康市种植。

注意事项

低感菌核病，花期注意防治菌核病。

技术来源：西南大学

咨询人与电话：樊晋华　13752923681

赣油杂 7 号

品种来源

江西省农业科学院作物研究所选育。品种登记号为 GPD 油菜（2017）360099。

特征特性

生育期 205.5 天，株高 171.8 厘米，分枝高度 77.3 厘米，单株有效角果数 227.1 个，角粒数 21.5 粒，千粒重 3.50 克。

技术要点

直播于 10 月上中旬播种，亩播种量 0.2～0.3 千克。亩施复合肥 35 千克、尿素 5 千克和硼肥 1 千克作基肥。亩施 5 千克尿素作苗肥。亩施尿素 3～5 千克、钾肥 3～5 千克、硼肥 0.1 千克作薹肥。

适宜地区

适宜江西省冬油菜区及相近生态区种植。

技术来源：江西省农业科学院作物研究所

咨询人与电话：宋来强　0791-87090767

赣油杂 8 号

品种来源

江西省农业科学院作物研究所选育。品种登记号为 GPD 油菜（2017）360100。

特征特性

全生育期 201.8 天。株高 173.4 厘米，分枝数 7.1 个，单株有效角果数 221.8 个，每角粒数 21.0 粒，千粒重 3.9 克。

技术要点

直播于 9 月下旬至 10 月上旬进行，亩播种量 0.25～0.30 千克。苗期注意防治菜青虫、蚜虫，花期注意防治菌核病。

适宜地区

江西省及相近生态区冬油菜产区均可种植。

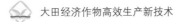

技术来源：江西省农业科学院作物研究所
咨询人与电话：宋来强　0791-87090767

赣油杂 9 号

品种来源

江西省农业科学院作物研究所选育。

特征特性

全生育期 202.0 天。株高 173.1 厘米，分枝数 6.7 个，单株有效角果数 209.7 个，每角粒数 20.3 粒，千粒重 3.8 克。

技术要点

直播于 10 月上中旬播种，亩播种量 0.2～0.3 千克。苗期注意防治菜青虫、蚜虫，花期注意防治菌核病。

适宜地区

江西省油菜产区均可种植。

技术来源：江西省农业科学院作物研究所
咨询人与电话：宋来强　0791-87090767

浙油 50

品种来源

浙江省农业科学院作物与核技术利用研究所选育。品种审定编号为国审油 2011013，浙审油 2009001。

特征特性

甘蓝型半冬性常规种。幼苗半直立，叶片较大，顶裂叶圆形，叶色深绿，裂叶 2 对，叶缘全缘，叶缘波状，皱褶较薄，无刺毛；生育期 220天。低抗菌核病，抗倒性强。

技术要点

（1）长江下游区 10 月初、中游区 9 月中旬育苗，种植密度 7 000～8 000 株 / 亩。

（2）施足底肥。

（3）苗期注意防治猝倒病、菜青虫和蚜虫。

适宜地区

适宜在长江中下游种植。

超高产示范
浙油 50

　　技术来源：浙江省农业科学院作物与核技术利用研究所

　　咨询人与电话：张冬青　13968124607

浙油 51

品种来源

浙江省农业科学院作物与核技术利用研究所选育。品种登记号为 GPD 油菜（2017）330005。

特征特性

甘蓝型半冬性油菜。幼苗直立，叶片绿色，叶柄中长，叶缘波状，角果斜生，株高 151.4 厘米。中感菌核病，抗倒性较强。

技术要点

（1）长江下游地区育苗移栽 9 月中下旬播种；直播 10 月上中旬播种。

（2）移栽 7 000～8 000 株/亩、直播 1.5 万～2 万株/亩。

（3）重施基肥、增施磷钾肥、必施硼肥。

（4）清沟沥水。

适宜地区

适宜在长江下游种植。

　　技术来源：浙江省农业科学院作物与核技术利用研究所

　　咨询人与电话：张冬青　13968124607

核杂 17 号

品种来源

上海市农业科学院作物育种栽培研究所选育。品种登记号为 GPD 油菜（2017）310120。

特征特性

甘蓝型半冬性常规双低品种，成熟一致性较好，分枝性较强。平均生育期 227.2 天，株高 169.65 厘米，千粒重 3.69 克。

技术要点

（1）播种期 9 月中下旬。

（2）11 月上中旬移栽，密度每亩 8 000 株左右。

（3）施足基肥，增施磷钾肥，肥料的 75% 在年前施用。

适宜地区

适宜在长江下游种植。

　　技术来源：上海市农业科学院作物遗传育种研究所

　　咨询人与电话：周熙荣　021-62208131

核杂 21

品种来源

上海市农业科学院作物育种栽培研究所选育，品种审定编号为国审油 2011023。

特征特性

甘蓝型半冬性常规双低品种。幼苗半直立，叶色淡绿，叶缘有波状缺刻，中生分枝类型，角果较长。全生育期 236 天。株高 139.5 厘米，千粒重 4.78 克。低抗菌核病，抗倒性较强。

技术要点

（1）11 月上旬移栽，种植密度 7 500 株/亩；直播 10 月 20 日左右播种，种植密度 1.5 万～2 万株/亩。

（2）基肥重施，苗肥早施，薹肥轻施。

适宜地区

适宜在长江下游种植。

技术来源：上海市农业科学院作物遗传育种研究所

咨询人与电话：杨立勇　021-62208068

云油杂 15 号

品种来源

云南省农业科学院经济作物研究所等单位选育。品种审定编号为滇审油菜 2015001 号。

特征特性

苗期生长势强；株型紧凑，结角密，荚型宽、大；早熟性强；抗（耐）旱性强。生育期 174.9 天。株高 148.65 厘米，千粒重 4.23 克。

技术要点

适时播种，最佳播期为 10 月中下旬；播种密度 1.0 万～1.8 万株 / 亩；慎施薹肥；及时防治蚜虫等病虫草害。

适宜地区

适宜云南省种植。

技术来源：云南省农业科学院经济作物研究所
咨询人与电话：李根泽　13033371065

云油 33 号

品种来源

云南省农业科学院经济作物研究所等单位选育。品种审定编号为滇审油菜 2014001 号。

特征特性

全生育期 179 天,属早熟品种。幼苗直立,叶色浓绿,株高 186.77 厘米。抗倒伏较强,抗(R)病毒病、高抗(HR)白锈病。

技术要点

适时播种,最佳播期为 10 月中下旬;播种密度 1.5 万~1.8 万株／亩为宜;慎施薹肥;及时防治蚜虫等病虫草害。

适宜地区

适宜云南省种植。

技术来源：云南省农业科学院经济作物研究所
咨询人与电话：李根泽　13033371065

油研 50

品种来源

贵州省农业科学院油菜研究所选育。审定编号为国审油 2009011、黔审油 2007002 号。

特征特性

属甘蓝型半冬性中熟杂交种。苗期半直立，叶色较深。生育期 219 天，株高 168.8 厘米，千粒重 4.23 克；低感菌核病，抗倒性较强。

技术要点

10 月中下旬移栽，种植密度 6 000～8 000 株/亩；直播 9 月下旬至 10 月上旬，播种密度 2 万～3 万株/亩。在重病区初花期后 1 周喷施菌核净。

适宜地区

适宜在贵州、湖北、湖南及江西等省冬油菜主产区种植。

技术来源：贵州省农业科学院油菜研究所
咨询人与电话：程尚明　13985587909

油研 57

品种来源

贵州省农业科学院油菜研究所选育。品种审定编号为国审油 2013001。

特征特性

甘蓝型半冬性隐性核不育两系杂交品种。全生育期 218 天，幼苗半直立，裂叶 3～4 对，株高 193 厘米，千粒重 3.51 克。低抗菌核病，高抗病毒病，抗倒性较强，抗寒性较好。

技术要点

9 月上中旬育苗，10 月中下旬移栽，种植密度 6 000～8 000 株 / 亩；直播 9 月下旬至 10 月上旬，播种密度 2 万～3 万株 / 亩。重施底肥，每公顷施复合肥 750 千克、硼砂 15 千克；追施苗肥，每公顷施尿素 150 千克左右；在重病区注意防治菌核病，初花期后 1 周每公顷喷施菌核净 1.5 千克菌核净兑水 750 千克。

适宜地区

适宜四川省、重庆市、云南省、贵州省、陕西省汉中市与安康市冬油菜区种植。

技术来源：贵州省农业科学院油菜研究所
咨询人与电话：程尚明　13985587909

黔油早 1 号

品种来源

贵州省农业科学院油料研究所选育。品种登记号为 GPD 油菜（2018）520165。

特征特性

生育期为 190 天。在直播每亩 2.5 万株密度情况下，平均株高 164.53 厘米，千粒重 3.52 克，含油量 41.16%。耐寒性、抗倒性较好。

技术要点

直播 10 月中下旬播种，播种量 0.3～0.5 千克 / 亩；合理施肥，施纯氮 8 千克 / 亩左右，$N : P_2O_5 : K_2O$ 按 1 : 0.5 : 1 配合施用。

适宜地区

适宜在贵州省油菜产区种植。

技术来源：贵州省农业科学院油料研究所
咨询人与电话：魏忠芬　13639022092

黔油早 2 号

品种来源

贵州省农业科学院油料研究所选育。品种登记号 GPD 油菜（2018）520165。

特征特性

早熟油菜区试平均产油量 62.36 千克 / 亩。生育期为 190.07 天，株高 152.9 厘米，千粒重 3.44 克，含油量 44.20%。抗倒能力强。

技术要点

直播 9 月下旬至 10 月中旬，密度 2 万～2.5 万株 / 亩；施足底肥，早施追肥，注重氮肥、磷肥、钾肥、硼肥平衡施用。

适宜地区

适宜贵州省油菜产区种植。

技术来源：贵州省农业科学院油料研究所

咨询人与电话：黄泽素　0851-83762739

13985422982

丰油 10 号

品种来源

河南省农业科学院经济作物研究所选育。品种登记号 GPD 油菜（2018）410134。

特征特性

全生育期 218.5 天，株高 174.6 厘米，千粒重 3.77 克。抗病毒病，低抗菌核病，抗倒性强，耐寒性较强，耐裂荚。

技术要点

合理密植，移栽密度 1 万株/亩左右，直播密度 2.5 万～3.5 万株/亩。科学施肥。应重施底肥，早追苗肥，增施磷肥、钾肥、硼肥。磷钾肥全部底施。

适宜地区

在黄淮流域、长江上中游种植。

大田经济作物高效生产新技术

技术来源：河南省农业科学院经济作物研究所
咨询人与电话：张书芬　0371-65729554

双油 195

品种来源

河南省农业科学院经济作物研究所选育。品种登记号 GPD 油菜（2018）410147。

特征特性

全生育期 232 天。株高 156.3 厘米，千粒重 3.19 克。抗病毒病，低抗菌核病，耐寒性较强，耐裂荚，抗倒性较强。

技术要点

中肥田块种植密度 1.5 万～2.5 万株 / 亩。科学施肥，底肥足，苗肥轻，蕾薹肥早，多施有机肥。

适宜地区

适宜安徽和江苏两省淮河以北，河南省，陕西省关中地区，山西省运城地区，甘肃省陇南地区的冬油菜区种植。

技术来源：河南省农业科学院经济作物研究所
咨询人与电话：朱家成　0371-55115377

秦优 33

品种来源

陕西省杂交油菜研究中心选育。品种审定编号为黄淮区国审油 2008019，陕审油 2009001。

特征特性

生育期 233～250 天，株高 165 厘米左右，千粒重 3.7 克，含油量 47.77%。耐迟播，抗寒，抗倒，低感菌核病，低抗病毒病。

技术要点

直播 9 月中下旬，育苗移栽提前 5～7 天下种。种植密度为移栽 8 000 株／亩、直播 14 000 株／亩。亩施纯氮 12～14 千克，磷肥用量可按氮量的一半施用。

适宜地区

适宜于苏北、皖北、豫北、晋南、陕西省关中地区、甘肃省陇南地区及同类生态区推广种植。

技术来源：陕西省杂交油菜研究中心
咨询人与电话：田建华　029-68259006

秦油 88

品种来源

陕西省杂交油菜研究中心选育。品种审定编号为黄淮区国审油 2013022，陕审油 2014005 号。

特征特性

生育期 245 天左右，株高 172 厘米左右，千粒重 3.34 克，种子黄褐色。含油量 47.02%。低感菌核病，耐寒性较强，抗倒性强。

技术要点

直播 9 月中下旬，育苗移栽提前 5～7 天下种。种植密度移栽 8 000 株 / 亩、直播 14 000 株 / 亩。亩施纯氮 12～14 千克；磷肥用量可按氮量的一半施用。

适宜地区

适宜江苏和安徽两省淮河以北，河南省，陕西省关中地区，山西省运城地区，甘肃省陇南地区的冬油菜区种植。

技术来源：陕西省杂交油菜研究中心

咨询人与电话：田建华　029-68259006

油菜高产高效生产技术

稻茬油菜绿色高效生产技术

技术目标

研究制定并实施长江流域稻茬油菜绿色高效生产技术规程，可有效引导农户将水稻及油菜秸秆就地还田，培肥地力，降低化肥、农药投入，增产增效。

技术要点

（1）播前准备：长江流域水稻品种收获期不迟于10月15日，水稻收获前10天左右排水晾田。前茬水稻秸秆粉碎还田。

（2）品种选择：选用本区域审定的抗倒、抗病、株型紧凑的双低油菜品种。

（3）密肥配置：油菜种植密度稳定在2.8万～3.2万株/亩，氮肥用量（纯氮）减少至12千克/亩。使用缓（控）释性化学肥料，保证油菜全生育期肥料的持续供给。

（4）机械收获：角果完全变黄略带黑斑时进行机械联合收获，同时将油菜秸秆粉碎还田。

适宜地区

长江流域稻油轮作区。

技术来源：华中农业大学植物科学技术学院
咨询人与电话：蒯婕　13915542683，周广生
18627945966

绿肥油菜种植与利用技术模式

技术目标

该技术可利用南方早稻—晚稻（或水稻—再生稻）区三季种植不足、两季种植有余的冬闲田土地资源和光温资源。

技术要点

（1）品种选择：选择适合当地种植的商品种子或自留种。

（2）播种与施肥：在晚稻或再生稻收获后（10月下旬至12月中旬），免耕直播油菜。每亩撒施尿素5~10千克或复合肥15~20千克。亩播种1~1.5千克。人工或机械开沟，厢面宽2~3米，沟深25~30厘米，开沟的碎土均匀抛撒厢面上。

（3）翻压还田：在3月底至4月初（油菜盛花期，亩鲜草量1.5~2.5吨），早稻种植前10~15天机耕翻压还田。翻压时田内灌入一层浅水，保证翻压后田面有1~2厘米的水层。在翻埋后1个月时间内合理灌水，尽量不排水。

（4）水稻施肥：翻压油菜绿肥后可减少25%～30%化肥用量。

技术来源：华中农业大学

咨询人与电话：鲁剑巍　027-87288589

油菜专用缓控释配方肥高效施用技术

技术目标

该技术适宜在冬油菜产区应用。可做到直播油菜种肥同播、一次性施用，专用肥配方针对性强、营养全面、养分供应期长，产量稳定，省工省力。该技术每亩增收节支 50～70 元。

技术要点

（1）大田准备：水稻收获前 7～10 天排水晾田。前茬作物机械收获时要求留茬不高于 18 厘米，且加装秸秆粉碎装备，秸秆粉碎 10～15 厘米后均匀散开。

（2）播种：选择适宜在区域推广的品种，播种期为 9 月下旬至 10 月下旬，亩播种量 250～350 克，播种量随播期推迟相应增加，播种结束后清理三沟，要求沟沟相通。

（3）施肥：施用油菜专用缓控释肥（N-P_2O_5-K_2O 为 25-7-8 或相近配方，含硼），每亩一次性施用油菜专用缓控释配方肥 40～60 千克，根据目标产量和地力水平调整施肥量。基肥撒施时，肥土混匀；基肥条施时，施后覆土。

技术来源：华中农业大学

咨询人与电话：鲁剑巍　027-87288589

油菜种子包衣技术

技术目标

该技术能省种省药，确保苗全、苗齐、苗壮，防治土传病菌和害虫，增强油菜抗病能力，提高产量和品质，亩节本增效 100 元以上。

技术要点

（1）种子清选：选择高产、优质、当年收获的种子。

（2）配制种衣剂：将一定比例的硫酸锰、硫酸锌、硼砂、氯化铵、磷酸二氢钾、硫酸亚铁、种菌唑、菊酯类杀菌剂及色浆、成膜剂等适量混合。

（3）包衣：用包衣机进行包衣。

适宜地区

长江流域冬油菜及北方春油菜产区。

注意事项

（1）严禁徒手接触种衣剂或包衣种子。

（2）存放、使用包衣种子的场所要远离粮食和食品。接触包衣种子的物品及时清理。

技术来源：中国农业科学院油料作物研究所
咨询人与电话：程勇　13808614864

油菜机械喷播技术

技术目标

该技术简便、高效、易操作，可大大提高油菜施肥与播种效率，并解决人工播种与施肥不均匀等问题，亩节本增效 30 元以上。

技术要点

借鉴陕西荣华公司沣油 737 品种推广应用方式并在湖南示范推广。

（1）播种田准备：用带碎草装置的收割机收获水稻，留低桩，秸秆均匀撒于田间。

（2）喷撒基肥：采用安徽郎溪生产的"农友播种机"喷撒基肥，每亩基肥用量为颗粒状复合肥 30 千克左右。

（3）种子处理：播种前用吡虫啉包衣种子，防治苗期蚜虫。高巧（吡虫啉）10 毫升 / 袋，包衣 400～500 克种子。

（4）喷播种子：亩用种量 200～250 克，将经吡虫啉包衣的种子 + 颗粒硼 350 克 / 亩 + 尿素 5 千克左右 / 亩，混匀后用"农友"播种机喷播。

适宜地区

长江中下游冬油菜产区。

技术来源：湖南省作物研究所
咨询人与电话：李莓　13787111618

油菜开沟摆栽稻草全量还田高产栽培技术

技术目标

该技术可减轻菌核病、杂草等危害，增产显著。秸秆还田率100%，亩增效100元以上。

技术要点

（1）育苗：选择排灌方便旱地作苗床，按1：（6～8）备足，施足基肥，9月25—30日播种，秧龄35～40天，播种量0.5千克/亩，播后浇水盖籽。每平方尺①留苗12～15株。

（2）移栽：水稻收获后，起垄作畦。畦面宽90厘米，沟宽30厘米，沟深15厘米。亩栽6 000～7 000株。摆栽前每亩施48%油菜配方肥25～30千克、尿素10千克、硼砂0.5～1千克。移栽后，清沟覆土于畦面。

适宜地区

江苏省南部及沿江稻—油二熟油菜产区。

---

① 1平方尺≈0.111平方米，全书同

技术来源：江苏省农业科学院
咨询人与电话：张洁夫　025-84390657

油蔬两用油菜高产高效栽培技术模式

技术目标

油菜薹期取主茎薹 8～12 厘米食用，其余分枝生产菜籽榨油，一种两收，亩增效 30% 以上。

技术要点

（1）品种选择：江苏地区油蔬兼用品种。

（2）播种施肥：播期比正常提前 5～7 天。直播比当地密度增加 2 000～3 000 株 / 亩；移栽密度较正常增加 500～1 000 株 / 亩，活棵后 7 天内，亩增施 5 千克尿素。直播或移栽均提前 5～7 天施肥。

（3）摘薹及管理：主薹高达 30～50 厘米时摘薹。摘薹后，亩施尿素 7～8 千克。始花后，栽培管理同常规。

（4）菜籽收获：角果八成黄、单株主轴中下部籽粒转为品种固有色泽时收割。

适宜范围

江苏省油菜种植区。

技术来源：江苏省农业科学院

咨询人与电话：高建芹　025-84390364

南方丘陵山区饲用油菜栽培技术

技术目标

该技术充分利用冬闲田及南方冬季温光资源，亩增效 600 元以上。

技术要点

适合当地的早发双低油菜。9 月上旬条播或点播，密度 3 万～5 万株/亩。亩施纯氮 10～15 千克，五氧化二磷 8 千克，氧化钾 6 千克，硼砂 1 千克，随播种一次性施入。早匀早管，适时除草。防治苗期菜青虫和霜霉病。初花期收获青贮，或初花前后随割随喂。

适宜地区

长江上游丘陵山区。

注意事项

在青贮及喂养时要混合一定干草。

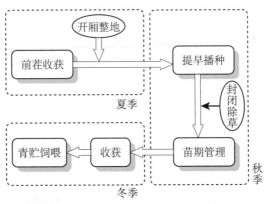

技术来源：西南大学农学与生物科技学院
咨询人与电话：李加纳　023-68250642

南方丘陵山区油菜稻田免耕直播栽培技术

技术目标

精简化栽培可减少油菜生产中劳动力投入，亩节本增效 80 元以上。

技术要点

（1）品种选择：选择适合当地种植的品种。

（2）播种施肥：9 月下旬至 10 月上旬播种，人工直播亩密度约 2 万株，机械直播密度 2.5 万～4 万株。可免耕打（撬）窝直播或免耕机械化直播。一般亩施纯氮 15 千克，五氧化二磷 10 千克，氧化钾 10 千克，硼砂 1.5 千克。可选择长效肥随播种一次性施入，或按生育期分次施入。

（3）管理：早匀早管，适时除草，防治菜青虫、霜霉病、菌核病和蚜虫。

适宜地区

长江中上游一季稻区。

注意事项

稻田直播油菜及时排水；在机械播种的田块，水稻收获时稻桩要浅。

技术来源：西南大学农学与生物科技学院
咨询人与电话：李加纳　023-68250642

成都平原油菜稻田免耕轻型简化栽培技术

技术目标

该技术可解决成都平原油菜生产劳动力需求高、生产成本高等问题，提高油菜种植效率。

技术要点

（1）品种选择：适宜本地种植的油菜品种。

（2）播种：中熟、晚熟品种 9 月中下旬播，早熟品种 9 月下旬至 10 月上旬播种。机播时，种子和复合肥同时播下，播种深度 1.5～2.0 厘米。机械播种行距 40 厘米，每亩播种 200～300 克种子。

（3）田间管理：定苗时遇雨天亩施尿素 5 千克提苗。"开盘期"亩用 10 千克尿素或复合肥 20 千克追肥。"开盘期"和薹高 5 寸[①]时各喷一次 0.2% 硼砂溶液。

[①]　1 寸≈3.33 厘米，全书同

适宜地区

成都平原区域及四川省部分浅丘区域。

注意事项

连年种植地块注意杂草防治，适当考虑2～3年与小麦轮作一次。

技术来源：成都市农林科学院

咨询人与电话：杨进　13980090593

成都平原油菜全程机械化生产技术

技术目标

该技术可解决成都平原油菜生产劳动力需求高、机械化程度低、生产成本高等问题。

技术要点

（1）品种选择：适合当地生态条件。

（2）机械施肥：亩施尿素20千克、过磷酸钙40千克、钾肥8千克、硼肥1千克，或氮磷钾复合肥40千克、硼肥1千克，或油菜专用测土配方肥40千克作基肥，机械播种时随播种一次性浅旋入土。

（3）机械播种：选择一次完成浅耕灭茬、开沟作畦、播种、施肥多种工序的联合直播机，或少耕、免耕精量油菜直播机等。9月25日至10月20日间播种，每亩用种150~250克；10月20日后播种，每亩用种300~400克。播后可亩用350千克左右稻草均匀覆盖厢面。

（4）机械收获：油菜收获分为联合收获和分段收获两种方式，各地因地制宜选择适宜的收获

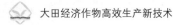

方式。

适宜地区

成都平原区域及四川部分浅丘区域。

技术来源：成都市农林科学院

咨询人与电话：杨进　13980090593

旱地油菜生产技术

技术目标

该技术可有效利用四川省丘陵旱坡耕地，有效缓解粮油争地，保障四川省食用植物油安全。

技术要点

（1）品种选择：选择适合产地自然环境和耕作制度的双低油菜品种。

（2）播种施肥：适宜播期为9月15—25日，直播播种期比移栽推迟7～10天。①育苗移栽，苗龄25～35天、绿叶数6～7片移栽，根据留苗密度要求确定株距。②直播，前茬作物秸秆粉碎再旋耕灭茬还田。条播或撒播或机播，播种量200克左右。

（3）施肥：采用平衡施肥技术，实行有机、无机肥结合，氮、磷、钾、硼肥结合，适当重施磷、硼肥。可采用专用复合肥，每公顷施油菜专用复混肥375～420千克混合农家肥底施，不再施用除硼肥外的其他化肥。12月下旬每公顷施375～420千克追施。

适宜地区

四川省旱生作物的坡耕地、台地旱地，多熟种植制度区。

技术来源：四川省农业科学院作物研究所
咨询人与电话：李卓　13730852630

油菜套作马铃薯粮经复合高效种植模式

技术目标

该技术可有效解决秋马铃薯与油菜之间争地、争光的矛盾，提高土壤复种指数。

技术要点

1. 播种（根据需要选取不同套种行数）

（1）2行油菜套5行马铃薯：8月下旬，在2米厢面中央（厢沟宽20厘米）种植5行马铃薯，窄行马铃薯错窝播种；10月中旬在马铃薯每宽行间移栽油菜2行，形成"油菜宽行种植带"。

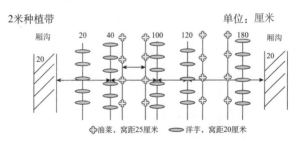

2米种植带　　　　　　　　　　　　　单位：厘米

✤油菜，窝距25厘米　　　◯洋芋，窝距20厘米

（2）4 行油菜套 2 行马铃薯：8 月下旬，在 1.6 米厢面（厢沟 20 厘米）中央种植 2 行马铃薯，亩植约 3 000 窝；10 月中旬在厢面移栽油菜 4 行，亩植约 6 000 株。

2. 施肥与稻草覆盖

有机肥和草木灰混合盖在马铃薯上，宽、窄行中间撒复合肥，亩盖厚 5～8 厘米的稻草 800～1 000 千克。

适用范围

稻油两熟制区。

技术来源：四川省农业科学院

咨询人与电话：陈红琳　15928496269

稻草还田下的油菜绿色高效
种植技术模式

技术目标

该技术可实现水稻和油菜秸秆100%还田，亩节本增效80元以上。

技术要点

（1）稻田适时排水：水稻收获前7～10天排水晒田，为油菜播种创造适宜墒情。

（2）品种选择：高产、优质、多抗品种。

（3）稻秸还田：水稻收获同时将稻草切碎并铺放均匀，留茬高度30～40厘米。

（4）播种：采用油菜联合播种机或油麦多功能播种机，一次性完成浅耕、开沟、播种、施肥、覆土等环节；播种量250～300克；亩施底肥35千克复合肥（45%）、尿素5千克和颗粒硼肥0.75～1.0千克，或油菜专用复合肥40～45千克。

（5）机收：油菜8成熟时（主序中部角果籽粒转色），喷施干燥剂，4～6天后，机收，秸秆粉碎还田。

适宜地区

江西省及相近生态地区。

技术来源：江西省农业科学院作物研究所
咨询人与电话：宋来强　0791-87090767

旱地两熟制油菜绿色高效种植技术模式

技术目标

提高旱地油菜播种效率和播种效果，油菜秸秆还田，亩节本增效 50 元以上。

技术要点

（1）前茬清理、旋耕蓄墒：前作收后，秸秆回收利用或粉碎还田，如未到油菜播种适期或墒情不足，可先旋耕一遍，有利蓄积雨水。

（2）品种选择：高产、优质、多抗品种。

（3）播种：采用油菜联合播种机或油麦多功能播种机，一次性完成浅耕、开沟、播种、施肥、覆土等环节，并用圆盘犁导种；亩播种量 300～400 克；亩施底肥 30～35 千克复合肥（45%）、尿素 5 千克和颗粒硼肥 0.75～1.0 千克，或油菜专用复合肥 35～45 千克。

（4）机收：油菜 8 成熟时（主序中部角果籽粒转色），喷施干燥剂，4～6 天后，机收，秸秆粉碎还田。

适宜地区

江西省及我国南方相近生态地区。

技术来源：江西省农业科学院作物研究所
咨询人与电话：宋来强　0791-87090767

油菜稀植高产栽培技术

技术目标

稀植移栽可缓解茬口矛盾，减少移栽数目，可减少劳动力，同时实现油菜高产。

技术要点

（1）品种选择：选择当地部门主推品种。

（2）穴盘育苗：9月下旬，采用50孔穴盘进行基质播种，苗龄35～40天。3叶1心时采用15%多效唑50克兑水50千克，均匀喷雾。

（3）移栽与施肥：移栽时间在10月底至11月上旬。移栽大田及时翻耕，亩施农家肥3 000千克，油菜专用缓释肥35～40千克，硼肥1.0千克。种植密度3 000～3 500株/亩。

（4）田间管理：油菜移栽7天后及时查苗补缺。及时追肥，腊肥施用7～8千克/平方米尿素。

适宜地区

稻—油两熟区茬口矛盾突出的油菜产区以及山区油菜种植区域。

注意事项

培育壮苗和适时移栽是该技术的前提；施足基肥、重施腊肥是该技术的关键。

技术来源：浙江省农业科学院
咨询人与电话：华水金　18257199107

油蔬两用型油菜栽培技术

技术目标

进一步拓展油菜多功能用途，开发油蔬两用型油菜的菜用功能，提升油菜种植效益。

技术要点

（1）品种选择：选择油蔬两用型油菜品种。

（2）播种：10月直播，播种密度为0.6～0.8千克/亩。播前亩施油菜专用缓释肥35～40千克，及时施用腊肥，7～8千克/亩。

（3）摘薹施肥：抽薹至35厘米左右，用落合采茶机采收菜薹，采收高度15厘米。摘薹后及时补施尿素7.5千克/亩。

（4）收获：主花序角果全部现黄，整田角果70%现黄，种子呈固有颜色时机械收获。

适宜地区

长江流域油菜主产区。

注意事项

选择分枝发枝能力强的品种，利于保产。

技术来源：浙江省农业科学院

咨询人与电话：华水金　18257199107

油菜作为绿肥后茬种植晚粳稻技术模式

技术目标

该技术可充分利用上海郊区冬闲田，同时促进后茬晚粳稻的"两无化"绿色高产栽培。

技术要点

（1）品种选择：选择适合较早熟、苗期生长量大、生长快的品种。

（2）播种：播种期从9月底至翌年1月。

（3）摘薹：蕾薹期可摘一季菜薹，摘薹后，每亩追施尿素10千克。

（4）收获：青角果期机械收获作为青贮饲料，也可将其翻耕到田里，灌水，一般2周左右秸秆就会完全腐烂，作为水稻种植的绿肥。

适宜地区

上海及周边地区。

注意事项

油菜播种可以适当避开连阴雨天气。在油菜青角果期，一般在 4 月中旬左右将油菜全量翻耕到地里，不影响后茬晚粳稻的种植。

技术来源：上海市农业科学院

咨询人与电话：杨立勇　021-62208068

鲜食葡萄采摘后种植油菜防草害技术模式

技术目标

该技术减少环境污染，提高葡萄土壤肥力，增加种植效益，亩增效 500 元以上。

技术要点

（1）品种选择：选择双低性状好、口感适宜的半冬性或春性品种。

（2）播种：9 月中旬播种油菜，亩用种量 0.25～0.30 千克。

（3）摘薹：在蕾薹期可摘一季油菜薹，一般每亩可摘 500 千克左右有机油菜薹。摘薹后，每亩追施尿素 10 千克/亩。

（4）收获：在青角果期，机械收获作为青贮饲料，也可将其翻耕到田里，作为葡萄生长的绿肥。

适宜地区

上海及周边地区。

注意事项

油菜苗期注意防止蚜虫。

技术来源：上海市农业科学院

咨询人与电话：杨立勇　021-62208068

旱地油菜轻简化栽培技术

技术目标

以油菜拖沟点播、芽前除草代替人工打塘点播及其他除草方式，省时、省工、节本增效。

技术要点

选择适应本区域推广的双低油菜新品种。常规油菜播种密度 1.8 万～2.2 万株/亩，杂交油菜每亩 1.5 万～1.8 万株/亩。播种后把土壤耙平，亩用 50% 乙草胺（广佳胺）150 毫升兑水 50 千克喷雾。播种时亩施种肥，氮、磷、钾配合施用（N∶P∶K=5∶15∶5）30 千克，农家肥 500 千克，0.5～1.0 千克硼砂，硫酸锌 1.0 千克做底肥，施于沟心，避免与种子直接接触。定苗后及薹高 10～20 厘米，亩追施尿素 10～15 千克。

适宜地区

云南省及中国南方旱地油菜产区。

注意事项

注意抢潮播种提高出苗率。

技术来源：云南省农业科学院
咨询人与电话：符明联　13708703226

油菜"三精"高产高效育苗移栽技术

技术目标

该技术以"精播育壮苗、精栽增密度、精管促丰产"为目标。

技术要点

精播育壮苗：选用近两年无十字花科作物种植的地（田）块育苗，苗床与大田1:（10～15）配置苗床；苗龄30～35天壮苗移栽。

精栽增密度：移栽密度在0.5万～1.0万株/亩，移栽前后大田两次化学除草。

精管促丰产：移栽后5～7天补缺保全苗，薹高30～40厘米打薹封顶，花期放蜂辅助授粉，增施农家肥、控制化肥用量，缺硼土壤用100倍硼液叶面追施，花角期结合药物防治蚜虫叶面追施磷酸二氢钾2～3次，在花角期气温下降时，叶面喷施"独艳"预防冻害。

适宜地区

云南及条件类似南方育苗移栽油菜产区。

注意事项

控制苗龄，实现小壮苗移栽。

技术来源：云南省农业科学院
咨询人与电话：符明联　13708703226

油菜免耕直播套种绿肥栽培技术

技术目标

抑制杂草生长、改善土壤肥力和理化特性，省去绿肥压青工序，亩节本增效 100 元以上。

技术要点

选用优质、高产、抗倒的中早熟油菜品种；绿肥选择紫云英或箭舌豌豆。油菜在 9 月下旬至 10 月中旬播种；每亩播种 250～300 克，密度控制在 1.0 万～1.2 万株/亩。播种时施用油菜专用缓释肥（$N:P_2O_5:K_2O:Na_2B_4O_7=8:10:7:2$）30 千克/亩，或西洋复合肥 35 千克/亩，硼砂 1 千克。油菜出苗 1 周左右，在行间均匀撒播绿肥种子，播量 3 千克/亩，盖上稻草。油菜 5～8 叶期，亩用尿素 8 千克、过磷酸钙 10 千克。

适宜地区

适宜贵州省以及我国南方稻—油、玉—油、薯—油两熟制的冬油菜产区。

注意事项

稻田提前开沟排水、晒田，保证适宜墒情。

技术来源：贵州省农业科学院油料研究所

咨询人与电话：魏忠芬　13639022092

油菜机耕分厢定量直播高效栽培技术

技术目标

该技术可利用小型机械进行人工直播，实现油菜单产与稻茬坂田育苗移栽产量相当，亩节本增效 100 元左右。

技术要点

选用中熟或中早熟油菜品种。在 9 月 25 日至 10 月 15 日播种，播量 0.3～0.4 千克/亩。亩施农家肥 1 000～1 500 千克、硼砂 1.0～1.5 千克和油菜专用复合肥 50 千克作底肥，或单施 N、P、K、B 全营养专用缓控释复合肥 50～80 千克。油菜苗 3～5 叶期追施提苗肥。越冬前，如幼苗生长弱小，可补施尿素 10 千克/亩。

适宜地区

长江上游及西南喀斯特山地等小面积田块。

技术来源：贵州省油料研究所

咨询人与电话：饶勇　0851-83762739

油菜抗灾减灾技术

油菜干旱防治技术

技术目标

针对潜在的冬春连旱影响，加强综合性抗旱减灾技术的应用，确保油菜高产、稳产。

技术要点

1. 干旱预防措施

（1）品种选择：选用耐旱品种。

（2）播种：播种尽量避开秋旱，培育壮苗。育苗移栽条件下密度为6 000株/亩；直播条件下密度2万株/亩以上。

2. 干旱补救措施

（1）水肥协调：局部灌溉或喷灌改善土壤墒情。浅锄松土，用稀薄粪水局部定位浇淋。

（2）盖土保苗：用稻草、小麦秸秆等进行覆盖，涵养保水。

（3）生理调控：叶面喷施浓度为1 000～1 200倍液的黄腐酸。

3. 灾后保障措施

灾后亩追尿素 7.5～10 千克、钾肥 5～7.5 千克。苗期、初花期各喷一次 0.2%～0.3% 硼液。

技术来源：中国农业科学院油料作物研究所

咨询人与电话：李俊　027-86739796

油菜冻害高效防治技术

技术目标

使用该技术可有效提高油菜抗冻和恢复生长能力。

技术要点

（1）冻害预防措施：选用耐寒抗冻品种。冬油菜在9月中旬至10月中旬播种。在冬至前中耕除草培土，清理三沟，减轻湿害。秸秆覆盖，增温保水。

（2）冻害补救措施：化雪后及时理三沟，培土壅蔸护根。晴天及时摘除受冻严重的叶片、早薹、早花。清理冻死的薹、叶、枝。一类苗，亩施复合肥5～10千克、尿素5千克。二类苗，亩施复合肥10千克、尿素10千克。三类苗和等外苗，亩施复合肥15千克、尿素15千克。有条件的地方，可以撒施草木灰等农家肥。及时喷施多菌灵、甲基硫菌灵和代森锰锌等，防控病害。

（3）灾后保障措施：濒临绝收的田块，建议及早毁茬改种春季马铃薯、速生性蔬菜等，尽量挽回部分损失。

技术来源：中国农业科学院油料作物研究所

咨询人与电话：李俊　027-86739796

油菜渍害高效防治技术

技术目标

降低渍害对油菜生长的不利影响及产量损失。亩增产 20% 以上，亩增收 200 元。

技术要点

选用较抗渍、耐渍品种。开沟作厢，清沟排湿："三沟"配套，厢宽 1.5～2 米，厢沟宽 20～25 厘米，沟深 15～20 厘米；田块中间开腰沟，沟宽 30～35 厘米，沟深 25～30 厘米；四周开围沟，沟宽 35～40 厘米，沟深 25～30 厘米。适期早播，易渍害田移栽密度增加至 1 万株/亩，直播 3 万株/亩以上。雨后及时疏沟沥水，中耕松土。渍害发生后，亩追施 5～7 千克尿素，氯化钾 3～4 千克或根外喷施磷酸二氢钾 1～2 千克。现蕾后每亩叶面喷施 0.1%～0.2% 硼肥液约 50 千克。

适宜地区

长江流域冬油菜产区。

注意事项

加强病虫草害预测和防控。

技术来源：中国农业科学院油料作物研究所
咨询人与电话：马霓　027-86739796

油菜早薹早花防控技术

技术目标

该技术可防控油菜早薹开花,以保障油菜高产优质生产。

技术要点

(1)适期播种:冬性强、迟熟品种早播;春性强早熟、早中熟品种适当迟播。一般在9月中下旬至10月上旬。

(2)合理密植:早播旺长油菜可降低密度,迟播田块增加密度。一般2.5万~3.5万株/亩。

(3)田间管理:12月底越冬期用150克/千克多效唑叶面喷施防油菜早薹早花。提倡施腐熟有机肥和配方施肥技术,氮、磷、钾配合,亩施硼砂0.5~0.7千克,初花前施适量钾肥防倒伏。

(4)补救措施:及时摘薹、及时追肥,摘薹后每亩补施尿素3~4千克,氯化钾2~3千克。

适宜地区

长江流域两熟和三熟制冬油菜产区。

注意事项

地下水位较高地区防止花期渍水和菌核病。

技术来源：中国农业科学院油料作物研究所
咨询人与电话：马霓　027-86739796

油菜病虫草害防治技术

直播油菜田间杂草综合防控技术

技术目标

油菜田杂草种类多、危害重，本技术针对直播油菜杂草发生特点，具有使用简单、防治效果好和成本低的特点。

技术要点

（1）封闭型除草：油菜播种盖土结束后，土壤表层每亩均匀喷施50%的乙草胺（50～60毫升兑水10～15千克）或96%的金都尔（50～60毫升兑水10～15千克）。

（2）选择性除草：禾本科杂草在2～4叶期，亩喷施10.8%吡氟氯禾灵乳油25～35毫升兑水40～50千克或5%精喹禾灵30～40毫升兑水40～50千克，阔叶类杂草在油菜5～6叶期亩喷施50%草除灵30～40毫升兑水40～50千克。

机播油菜，则在播种机上安装喷药装置，油菜播种后立刻喷施土壤封闭除草剂，亩喷施50%的乙草胺（50～60毫升兑水10～15千克）。

应用效果

除草效果 85% 左右，用药成本每亩约 7 元。

技术来源：华中农业大学
咨询人与电话：周广生，蒯婕　18627945966

油菜根肿病防治技术

技术目标

通过耕作、栽培措施防止油菜根肿病在我国长江流域油菜主产区流行。

技术要点

（1）品种选择：选用抗根肿病油菜品种。

（2）田块准备：收获前10~15天排水晾田，茬口允许时，油菜种植前翻耕晒垄。育苗移栽区，提前确定无根肿病地块作为苗床。如苗床带菌，将苗床精细整地后，用2 000倍液的10%氰霜唑悬浮剂淋透后播种。

（3）管理：抗根肿病品种适期播种，非抗根肿病品种播种期比常规播期推迟10天左右。非抗根肿病品种，播前在1 000倍液的50%氟啶胺悬浮剂或1 000倍液的10%氰霜唑悬浮剂中浸种2~3小时后晾干待用。直播种植的田块，除施用有机肥外，优选全营养油菜专用缓释肥及氰氨化钙作底肥。另外，配合施用氰氨化钙5~7.5千克/亩。如发现病株，及时拔除，统一销毁。

适宜地区

油菜根肿病发生区域。

技术来源：华中农业大学植物科学技术学院，沈阳农业大学园艺学院

咨询人：蒯婕，朴钟云，张椿雨

油菜菌核病综合防控技术

技术目标

以抗（耐）病品种和生物防治为主，辅以农业防治，油菜菌核病发病率控制在 20% 以下。

技术要点

（1）选用抗（耐）病品种：芥菜型抗性较好，甘蓝型次之，白菜型最感病。

（2）生物防治：播种时将生防菌盾壳霉可湿性粉剂均匀喷至地表或随灌溉水至油菜根围或拌种；初花期向地上部分均匀喷雾盾壳霉可湿性粉剂。收获时在联合收割机上安喷药装置，喷施复合生物菌剂（木霉等）。

（3）合理轮作：水旱轮作，菌核数量明显减少，旱地油菜轮作年限应在 2 年以上。

（4）化学农药防治：主茎开花率达 90%～100% 时，叶病株率在 10% 左右，及时对中下部茎叶喷药（咪酰胺、多菌灵、菌核净和扑海因等，江苏省和安徽省等地不再适宜用多菌灵）。

适宜地区

长江中下游油菜种植区域。

注意事项

盾壳霉可湿性粉剂不与化学农药混用，傍晚或阴天喷。

技术来源：华中农业大学
咨询人与电话：姜道宏，谢甲涛　027-87280487

油菜蚜虫综合防控技术

技术目标

采用油菜蚜虫综合防控技术，千粒重可增加 6% 左右，增产 14% 以上，亩增效 100 元以上。

技术要点

（1）农业防治：选抗蚜性好品种。种植田远离十字花科蔬菜。在蚜虫常年发生较重地区，可采用吡虫啉或噻虫嗪种衣剂包衣或拌种。

（2）物理防治：田间高出植株 40～50 厘米处均匀悬挂 30 厘米 ×60 厘米的黄板 20～30 片/亩。黄板上均匀涂抹黄油，诱杀有翅成蚜。铺膜种植地内间隔铺设银灰色地膜或悬挂银灰色膜条，抑制有翅蚜虫着落和定居。

（3）化学防治：苗期、蕾苔期、花角期有蚜枝率达 10%，每 7～10 天选用 10% 吡虫啉可湿性粉剂、48% 噻虫啉悬浮剂、80% 烯啶虫胺·吡呀酮、5% 高效顺反氯氰菊酯乳油或 50% 抗蚜威（氨基甲酸酯）喷雾防治。

适宜地区

油菜种植区均适用。

注意事项

花期防治选择抗蚜威，对蜜蜂、天敌低毒。

技术来源：安徽省农业科学院作物研究所
咨询人与电话：侯树敏　0551-62160036

油菜菜青虫（菜粉蝶）综合防控技术

技术目标

该技术可增产 10% 以上，亩增效 30 元以上。

技术要点

（1）农业防治：避免与十字花科蔬菜连作。清洁田园、杀灭虫蛹；清晨露水未干时人工捕捉幼虫，或在成虫活动时网捕；用 1%～3% 过磷酸钙液在成虫产卵始盛期喷油菜叶片。

（2）生物防治：幼虫 3 龄前喷洒苏云金杆菌乳、粉剂，2 龄幼虫高峰期前喷洒 20% 除虫脲或 25% 灭幼脲悬浮剂等。

（3）化学防治：苗期大田百株虫量达 20～40 头时，选用 3% 啶虫脒乳油、12.5% 氟氯氰菊酯悬浮剂、2.5% 联苯菊酯乳油、20% 氰戊菊酯乳油、10% 氯氰菊酯乳油、6% 阿维·氯虫苯甲酰胺或 20% 氯虫苯甲酰胺喷雾防治。

适宜地区

油菜种植区均适用。

注意事项

花期选 6% 阿维或 20% 氯虫苯甲酰胺，低毒。

技术来源：安徽省农业科学院作物研究所
咨询人与电话：侯树敏　0551-62160036

油菜跳甲综合防治技术模式

技术目标

采用高效低毒化学药剂拌种＋子叶期叶面喷施防治油菜跳甲危害，综合防效达 70% 以上。

技术要点

（1）品种选择：选择适合当地积温带种植的抗跳甲能力相对较好的油菜品种。

（2）农业防治：与非十字花科作物合理轮作降低上年越冬代虫口基数。清除植株残体，适当晚播。

（3）拌种处理：播前选择高效、低毒、低残留的种衣剂进行拌种或种子包衣。种衣剂用药量不超过种子量的 2%，可选择 25% 锐劲特（氟虫腈）种衣剂、70% 噻虫嗪种衣剂等。

（4）化学防治：子叶期叶面喷施高效、低毒、低残留水乳剂、微乳剂杀虫剂，与种子包衣配合总防效 70% 以上。可选择 30% 毒死蜱微乳剂、5% 锐劲特（氟虫腈）悬浮剂、10% 啶虫脒微乳剂等药剂。

适宜地区

我国北方春油菜种植区。

注意事项

子叶期至 1 叶期施药，兑水量大于 15 千克。

技术来源：青海省农林科学院春油菜所
咨询人与电话：王瑞生　0971-5310051

油菜茎象甲综合防治技术模式

技术目标

采用低毒高效药剂化学防治和物理防治结合的综合防治技术，实现综合防效达 80% 以上。

技术要点

（1）农业防治：与非十字花科作物合理轮作。清除植株残体，适当晚播，避开虫害高峰。

（2）拌种处理：选择高效、低毒、低残留种衣剂包衣，如 25% 锐劲特（氟虫腈）、70% 噻虫嗪种衣剂，用药量不超过种子量 2%。

（3）黄色诱虫板：3 叶期亩用 25 厘米 ×30 厘米黄色诱虫板 25~30 片，距离作物上部 15~20 厘米。

（4）化学防治：3 叶期至现蕾期选择高效、低毒、低残留的水乳剂、微乳剂杀虫剂叶面喷施 1~2 次，如 30% 毒死蜱微乳剂、5% 锐劲特（氟虫腈）悬浮剂、10% 啶虫脒微乳剂等。

适宜地区

我国北方春油菜种植区。

注意事项

3叶期至现蕾期施药，兑水量不能少于15千克。

技术来源：青海省农林科学院春油菜所
咨询人与电话：王瑞生　0971-5310051

油菜机械化收获技术与机具装备

2BFQ-6 型油菜精量联合直播机

技术目标

一次性完成开畦沟、旋耕、灭茬、精量播种、施肥、仿形驱动、覆土等作业，省种、省肥、省工、省时，适应性好。

技术要点

采用正负气压组合气力式排种，通过负压充种、正压排种实现精量播种。采用模块化集成技术。通过部件组合可实现"灭茬旋耕＋开沟＋施肥＋播种""灭茬旋耕＋施肥＋播种"和"灭茬旋耕＋开沟"等，也可单独开沟、播种、施肥。

应用效果

本成果能完全替代现有人工作业，是一种先进适用的油菜生产种植机具，适用于油菜产区未耕地或有作物秸秆残茬覆盖地、稻茬田的油菜精量播种，其推广应用前景十分广阔。

技术来源：华中农业大学工学院

咨询人与电话：廖庆喜　13871094327

2BYM-6/8 型油麦精量联合直播机

技术目标

一机兼播油菜小麦，可开畦沟、灭茬、旋耕、施肥、地轮仿行驱动、覆土、镇压，提高了播种机利用率，节本增效。

技术要点

油菜采用自行研制的正负气压组合气力式单粒精密排种技术，小麦采用槽轮式排种技术；高度集成，联合作业，一次性完成油菜、小麦种植的所有作业环节；采用模块化集成技术，一机多用；牵引组合犁式开畦沟与双圆盘开种沟技术；采用播种、施肥联动的变量调节装置，实现油菜或小麦的播种量、施肥量调节。

应用效果

有效提高生产效率与作业质量，生产率为 6.3～10.8 亩 / 小时，与人工撒播相比省种 150～250 克 / 亩、省肥 15～25 千克 / 亩。

技术来源：华中农业大学工学院
咨询人与电话：廖庆喜　13871094327

油菜毯状苗机械化移栽技术

技术目标

有效缓解茬口矛盾，稳定产量，效率高。

技术要点

（1）培育毯状苗：①取肥沃土壤，每盘床土加 45% 三元复合肥 6～8 克。②播前用稀效唑、硫酸镁、氯化铁、硼酸、硫酸锌、硫酸锰混合液拌种。③每盘播量准确称量种子。④播种至出苗保持表土层湿润。出苗后控水。隔 2～3 天浇营养液 1 次；出苗、1 叶 1 心和 2 叶 1 心期分别施尿素 1 克/盘，移栽前施尿素 2 克/盘。

（2）适期移栽：①秧苗 4 叶期，苗高 10～14 厘米移栽，一般秧龄控制在 35～40 天。②土壤含水率 20%～30% 为宜。

应用效果

移栽效率是人工育苗移栽 60～80 倍，是国外先进全自动移栽机 2～3 倍；移栽时间比机直播延迟 20～30 天；亩增效 140～200 元。

技术来源：农业部南京农业机械化研究所

咨询人与电话：金梅　025-84346229

油菜机械化分段收获技术

技术目标

延长收获期，籽粒含水率低，利于保存，大面积种植油菜作业效率高。

技术要点

采用分段收获时，在种子含水量为35%～40%进行割晒，在12%～15%捡拾。油菜分段收割的最适宜时期是在全株有70%～80%的角果呈黄绿至淡黄，主序角果已转黄色，分枝角果基本褐色，晾晒3～7天，早晚有露水或阴天捡拾脱粒。后期抗风能力强，连续阴雨不宜作业。

应用效果

分段收获损失率低，一般在6%以下；腾茬时间早，一般比联合收获腾茬时间提前3～5天；分段收获籽粒含水率低，便于保存，秸秆含水率低便于粉碎还田，无须在捡拾机上加装秸秆粉碎装置也能粉碎还田。

技术来源：农业部南京农业机械化研究所
咨询人与电话：金梅　025-84346229

油菜机械化联合收获技术

技术目标

一次完成收割、脱粒、清选等工序，工序简单，生产效率高。

技术要点

联合收获宜在种子含水率为 15%～20% 进行。从油菜角果的颜色上判断，联合收获应在油菜转入完熟阶段，油菜植株全部呈黄色部分呈浅褐色，冠层略微抬起时进行最好，并宜在早晨或傍晚进行收获。

应用效果

油菜联合收获由一台联合收获机一次完成所有收获，收获过程短，具有省时、省心、省力的优点，经过对油菜联合收割机的不断改进，现阶段联合收获在正常作业条件下收获损失率由 12% 下降到 8%，作业效率由平均 3 亩／时提高到 5 亩／时，提高了生产效率。

技术来源：农业部南京农业机械化研究所
咨询人与电话：金梅　025-84346229

油菜籽检测与加工技术

油菜籽含油量近红外快速无损检测技术

技术目标

满足油菜籽含油量检测简便化、实用化与标准化需求，广泛用于油菜品种选育、生产、收储加工及贸易等领域。

技术要点

（1）定标模型建立：采用 GB 14488.1《植物油料　含油量测定》测定含油量，近红外光谱扫描。偏最小二乘回归法等建立含油量检测模型。

（2）未知样品测定：利用含油量检测模型测定含油量。

（3）定标模型校准与升级：选用样品 20 个以上采集近红外光谱，定期对含油量检测模型校准。含油量超出定标模型范围时，重新利用化学计量学法建立含油量检测模型。

适用范围

油菜品种选育、高油资源材料筛选、生产、收储加工及贸易等领域。

技术来源：中国农业科学院油料作物研究所
咨询人与电话：李培武，张良晓　027-86812862

高品质菜籽油 7D 产地绿色高效加工技术

技术目标

为菜籽绿色加工与提质增效开拓新途径。

技术要点

高效分离杂质 0.1% 以下。耦合微波物理场与热风传热传质,调质时间 6~7 分钟。剪切锥圈、自动清理和回榨一体,压榨温度 <90℃,残油 <8.0%。一步法低温物理适度精炼,精炼温度 <45℃,精炼时间 30 分钟。微波钝化芥子酶、脂肪氧化酶,促进美拉德反应,低温物理精炼。集传感器、PLC(可编程逻辑控制器)、中央服务器控制系统和物联网感知系统,实时监控。

应用效果

高品质菜籽油 7D 技术具有工艺轻简、绿色、低耗、高效特点。

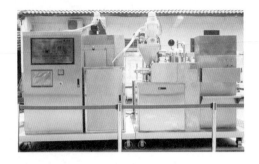

技术来源：中国农业科学院油料作物研究所
咨询人与电话：李文林　18971461132

第四篇
花生高产栽培技术

花生优质高产品种

花育 9303

品种来源

以鲁花 15 为母本，赣花 1 号作父本，采用"单粒传"混合法选育而成。

特征特性

属珍珠豆型小花生。荚果普通形，籽仁三角形，浅红色，内种皮白色。百果重 237.9 克，百仁重 95.3 克，出仁率 74.4%。中早熟，生育期 118 天。抗旱和耐涝性强，休眠期长。籽仁粗蛋白含量 23.0%，脂肪 53.2%，O/L 值（油酸、亚油酸比值）1.29。

技术要点

适宜播种密度为每亩 10 000～11 000 穴，每穴两粒。其他管理措施同一般大田。

适宜地区

适宜我国北方小花生产区春播或夏播。

注意事项

注意防止花针期、饱果成熟期干旱。较早熟，应抢时早播，适时收获。

技术来源：山东省花生研究所

咨询人与电话：单世华　13791818871

花育 9306

品种来源

以白沙 1016 为母本，XW84（印度）作父本，采用"单粒传"混合法选育而成。

特征特性

荚果普通形，百果重 240.5 克，百仁重 103.6 克，出仁率为 70.0%。籽仁椭圆形，外种皮浅红色，内种皮橘黄色。属早熟型普通大花生品种，生育期 118 天。耐涝性强，较耐盐碱。籽仁粗蛋白含量 24.82%，脂肪 52.78%。

技术要点

适宜播种密度为每亩 9 000～10 000 穴，每穴两粒。单粒精播更容易获得高产。

适宜地区

适宜在我国北方大花生产区春播。

注意事项

不耐旱，特别是开花下针期和结荚期要提供充足水分。

技术来源：山东省花生研究所

咨询人与电话：单世华 13791818871

花育 9901

品种来源

对鲁花 11 自然变异进行选育而成。

特征特性

荚果近普通形，果把短，果鼻短，果纹浅，果皮薄，种仁桃圆形、椭圆形，外种皮粉红色，内种皮金黄色。单株荚果数 20.2 个，百果重 223.14 克，百仁重 89.40 克，出仁率 70.34%，籽仁蛋白质含量 27.81%，脂肪 52.06%。

技术要点

适宜播种密度为每亩 8 000～9 000 穴，每穴两粒；或每亩 16 000～18 000 穴，单粒播。其他管理措施同一般大田。

适宜地区

适宜我国北方大花生产区春播。

注意事项

中后期防治虫害和叶斑病、防止早衰。

技术来源：山东省花生研究所

咨询人与电话：孙学武，郑永美　0532-87632130

山花 108 号

品种来源

以 8707 为母本，鲁花 14 号为父本，采用系谱法经多年鉴定选育而成。

特征特性

荚果普通型，籽仁椭圆形，种皮粉红色，内种皮橘黄色。春播生育期 132 天，单株结果 15 个，百果重 243.2 克，百仁重 97.8 克，出米率 73.2%。籽仁蛋白质含量 24.31%，脂肪 52.74%。

技术要点

适宜播种密度为每亩 9 000～10 000 穴，每穴两粒。其他管理措施同一般大田。

适宜地区

适宜黄淮海区域春播或夏播。

注意事项

注意防止花针期、饱果期干旱和结荚期涝害，控制旺长，中后期防控虫害和叶斑病，防止早衰。

技术来源：山东农业大学农学院
咨询人与电话：李向东　13953813778

山花 106 号

品种来源

以鲁花 15 号为母本，L 黑作父本采用系谱法经多年鉴定选育而成。

特征特性

属珍珠豆型小花生。荚果葫芦形，籽仁圆形，种皮玫瑰红色，内种皮浅褐色。春播生育期 130 天，单株结果 21 个，百果重 173.9 克，百仁重 72.1 克，出米率 75.1%。籽仁蛋白质含量 27.01%，脂肪 52.20%。

技术要点

适宜播种密度为每亩 10 000～11 000 穴，每穴两粒。其他管理措施同一般大田。

适宜地区

适宜黄淮海区域春播或夏播。

注意事项

注意防止花针期、饱果期干旱和结荚期涝害，控制旺长，中后期防治叶斑病、防止早衰。

技术来源：山东农业大学农学院

咨询人与电话：李向东　13953813778

湘花 2008

品种来源

湖南农业大学以（中花 4 号 × 花 17）为母本，（汕油 27× 薄壳 1 号）为父本育成。通过国家、湘、赣、皖登记。

特征特性

生育期 128 天左右。中间型大果品种。百果重 230 克，百仁重 93 克，出仁率 75%。荚果与籽仁商品性俱佳。抗性强，适应广。籽仁含油量 54.58%，蛋白质含量 26.43%，O/L 值 1.33。

技术要点

（1）播种：在长江流域春播一般 3 月下旬至 4 月下旬、夏播在 6 月 15 日前、秋播在 7 月底之前为宜。单粒精播，春播每亩 1.5 万～2 万穴，夏秋播每亩 2 万穴。

（2）施肥：在中肥地块每亩基施 45%～48% 复合肥 40～50 千克，生石灰、钙镁磷肥各 50 千克，增施硼肥、锌肥、钼肥，不追施氮肥。在瘠薄地种植时应增施腐熟农家肥与石灰。

适宜地区

长江流域产区种植。

技术来源：湖南农业大学

咨询人与电话：李林，刘登望　0731-84618076

湘花 5009

品种来源

湖南农业大学对中花 4 号种子 ^{60}Co-γ 诱变育成。

特征特性

珍珠豆型中小籽品种。生育期 124 天左右。荚果蚕形，百果重 161.8 克，百仁重 66.6 克，出仁率 70.66%。抗逆性较强。籽仁油分 49.92%，蛋白质含量 31.57%，O/L 值 1.25。

技术要点

（1）播种：长江流域春播一般 3 月下旬至 4 月下旬，夏播在 6 月 15 日前、秋播在 7 月底之前为宜。单粒精播，春播每亩 1.5 万～2 万穴，夏秋播每亩 2 万穴。

（2）施肥：在中肥地块每亩基施 45%～48% 复合肥 40～50 千克，石灰、钙镁磷肥各 50 千克，增施硼肥、锌肥、钼肥，不追施氮肥。在瘠薄地种植时应增施腐熟农家肥与石灰。

适宜地区

长江流域产区种植。

技术来源：湖南农业大学
咨询人与电话：李林，刘登望　0731-84618076

湘花 55

品种来源

以中花 4 号为母本，湘花生 1 号为父本杂交、后代 ^{60}Co-γ 射线处理育成。

特征特性

珍珠豆型中籽品种。生育期 124 天左右。荚果蚕形，百果重 159.4 克；籽仁桃圆形，百仁重 63.5 克，出仁率 72.4%。抗逆抗病性强。籽仁油分 50.63%，蛋白质含量 30.02%，O/L 值 1.24。

技术要点

（1）播种：长江流域春播一般 3 月下旬至 4 月下旬、夏播在 6 月 15 日前、秋播在 7 月底之前为宜。单粒精播，春播每亩 1.5 万～2 万穴，夏秋播每亩 2 万穴。

（2）施肥：在中肥地块每亩基施 45%～48% 复合肥 40～50 千克，生石灰、钙镁磷肥各 50 千克，增施硼肥、锌肥、钼肥。在瘠薄地种植时应增施腐熟农家肥与石灰。

适宜地区

长江流域产区种植。

技术来源：湖南农业大学
咨询人与电话：李林，刘登望　0731-84618076

青花 7 号

品种来源

以花 32 作母本，白沙 505 作父本进行有性杂交，采用系谱法经多年鉴定选育而成。

特征特性

属普通型大花生。种子发芽势强，出苗快，苗势强，植株矮壮，生长稳健，不早衰；结果集中，结果数量多，单株结果 20 个，双仁果率达 75%，饱果率达 80%。百果重 290 克；抗旱耐涝，抗倒伏性强，适应性广，高抗病毒病和早期叶斑病。籽仁含蛋白质 22.4%、脂肪 46.8%、油酸 41.2%、亚油酸 35.0%，O/L 值 1.18。

技术要点

地膜覆盖和露地栽培均可，地膜覆盖栽培更能发挥其增产潜力。密度为每亩 9 000～10 000 穴，每穴两粒。其他管理措施同一般大田。

适宜地区

适宜在我国北方作为春播品种推广种植，黄淮地区作为麦田套种或夏播品种推广种植。

注意事项

高产田注意适当补施钙肥。

技术来源：青岛农业大学农学院
咨询人与电话：王铭伦　0532-88030476

豫花 37 号

品种来源

以海花 1 号为母本，开农选 01-6 为父本进行有性杂交，采用系谱法经多年鉴定选育而成。

特征特性

属早熟高油酸花生品种，夏播生育期 115 天。主茎高 47.4 厘米，侧枝长 52.0 厘米。荚果珍珠豆形，百果重 176.6 克。籽仁桃形，百仁重 69.5 克。抗网斑病、根腐病。籽仁蛋白质含量 20.36%，粗脂肪含量 54.30%，油酸含量 78.0%，亚油酸含量 6.23%，O/L 值 12.52。

技术要点

适宜种植密度春播为每公顷 16.5 万穴，夏播为每公顷 18.0 万穴左右，每穴两粒。

适宜地区

河南省各地花生产区。

注意事项

注意及时化控防倒并防控后期病虫害。

技术来源：河南省农业科学院经济作物研究所
咨询人与电话：臧秀旺　0371-61317913

豫花 47 号

品种来源

以豫花 9326 为母本，豫花 15 号为父本进行有性杂交，采用系谱法经多年鉴定选育而成。

特征特性

属早熟高产花生品种，夏播生育期 115 天。主茎高 43.0 厘米，侧枝长 46.4 厘米。荚果普通形，百果重 218.9 克。籽仁椭圆形，百仁重 87.0 克。抗网斑病、颈腐病，中抗叶斑病，感锈病、网斑病。籽仁蛋白质含量 17.75%，粗脂肪含量 58.17%，油酸含量 40.85%，亚油酸含量 37.25%，O/L 值 1.10。

技术要点

适宜种植密度春播为每公顷 16.5 万穴，夏播为每公顷 18.0 万穴左右，每穴两粒。

适宜地区

河南省各地花生产区。

注意事项

注意及时化控防倒并防控后期病虫害。

技术来源：河南省农业科学院经济作物研究所
咨询人与电话：臧秀旺　0371-61317913

远杂 12 号

品种来源

以远杂 9307 为母本，粤油 7 号为父本进行有性杂交，采用系谱法经多年鉴定选育而成。

特征特性

属早熟高油花生品种，夏播生育期 110 天。主茎高 35.2 厘米，侧枝长 41.2 厘米。荚果多茧形，百果重 188.2 克。籽仁多桃圆形，百仁重 67.4 克。抗叶斑病、茎腐病，感网斑病、锈病。籽仁蛋白质含量 37.43%，粗脂肪含量 56.67%，油酸含量 35.15%，亚油酸含量 42.65%，O/L 值 0.82。

技术要点

适宜种植密度春播为每公顷 16.5 万穴，夏播为每公顷 18.0 万穴左右，每穴两粒。

适宜地区

河南省各地花生产区。

注意事项

注意及时化控防倒并防控后期病虫害。

技术来源：河南省农业科学院经济作物研究所

咨询人与电话：臧秀旺　0371-61317913

豫花 65 号

品种来源

以开农选 01-6 为母本，海花 1 号为父本进行有性杂交，采用系谱法经多年鉴定选育而成。

特征特性

属早熟高油酸花生品种，夏播生育期 115 天。主茎高 37.1 厘米，侧枝长 44.9 厘米。荚果普通形，百果重 195.7 克。籽仁椭圆形，百仁重 76 克。抗茎腐病，高抗褐斑病，中抗黑斑病，感网斑病。籽仁油酸含量 77.35%，亚油酸含量 6.34%，O/L 值 12.20。

技术要点

适宜种植密度春播为每公顷 16.5 万穴，夏播为每公顷 18.0 万穴左右，每穴两粒。

适宜地区

河南省各地花生产区。

注意事项

注意及时化控防倒并防控后期病虫害。

技术来源：河南省农业科学院经济作物研究所
咨询人与电话：臧秀旺　0371-61317913

花生优质高产栽培技术

花生春播覆膜高产栽培技术

技术要点

春播花生合理轮作，避免重茬、迎茬。秋末冬初深耕，一般耕深25～30厘米，两三年深耕一次。根据花生产量水平、土壤质地合理施肥。

合理密植：亩穴数0.8万～1.1万穴，每穴2粒。采用花生联合播种机将镇压、筑垄、施肥、播种、覆土、喷药、展膜、压膜、膜上筑土带等技术一次完成；地膜宽以90厘米左右为宜，厚度为0.007±0.002毫米。

开孔放苗：花生顶土鼓膜时，及时开膜孔放苗，开孔后随即在膜孔上盖一层3～5厘米厚的湿土，防止幼苗高温烫伤。

覆膜春花生成熟期比露地栽培提早7～10天，成熟后应及时收获，防止落果、烂果。

适宜地区

黄淮海地区春播花生区域。

注意事项

春花生生长中期绝对不能揭膜。收获时，要同时注意回收残膜。

技术来源：山东省花生研究所

咨询人与电话：吴正锋，沈浦　0532-87632130

麦套花生高产高效生产技术

技术要点

（1）前作培肥：两季肥料的 60%～80% 施在小麦季，追肥推迟到小麦拔节至挑旗，兼作花生基肥。

（2）品种选择：小麦选用株型紧凑，花生选用早中熟大果品种。

（3）适时套种：一般以麦收前 15～20 天为宜，中低产麦田可适当提前到麦收前 25～30 天套种。

（4）合理密植：一般 2 万株/亩左右。小麦正常播种情况下（行距 23～30 厘米）行行套种花生。

（5）加强田间管理：麦收后适时灭茬；始花前施足花生季肥料；尽量晚收，适宜收获期为 10 月上旬。

适宜地区

黄淮海地区麦油两熟花生产区。

技术来源：山东农业大学农学院

咨询人与电话：李向东　13953813778

夏直播花生机械起垄种植技术

技术要点

前茬作物收获后及时耕翻，精细整地。采用机械起垄种植，一垄双行，一般垄高为 10～15 厘米，垄距为 70～80 厘米，垄面宽 40～50 厘米，花生小行距 20 厘米左右，播种深度 5 厘米左右。双粒穴播时，中上等肥力地块，每公顷种植 18 万～19.5 万穴；中等肥力以下地块，每公顷种植 19.5 万～22.5 万穴。

开花下针期后应及时旱浇涝排；当株高达到 35 厘米左右时，应及时化控，防止旺长倒伏；花生进入结荚期后，叶面喷施 0.1%～0.2% 的磷酸二氢钾水溶液 2～3 次，防止早衰。

适宜地区

黄淮流域夏直播花生产区。

注意事项

前茬作物收获、整地后应及时播种，不宜晚于 6 月 20 日。

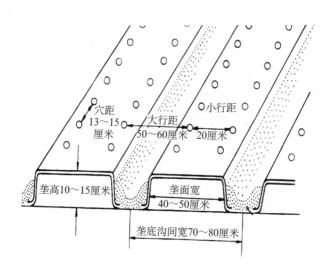

穴距
13～15
厘米

大行距
50～60厘米

小行距
20厘米

垄高10～15厘米

垄面宽
40～50厘米

垄底沟间宽70～80厘米

技术来源：河南省农业科学院经济作物研究所
咨询人与电话：臧秀旺　0371-61317913

酸化土壤花生增产关键技术

技术目标

消除酸化土壤花生空壳现象，增加有效果数和饱果率，提高产量。

技术要点

（1）选择耐酸性好、综合抗性强的品种，如花育 32、湘花 2008 等。

（2）通过增施有机肥改良土壤结构，选用钙镁磷肥等生理碱性肥料，或尿素、硫酸钾等中性肥料，不用硫酸铵、过磷酸钙等生理酸性肥料。

（3）花针期和结荚期遇旱，中午叶片出现萎蔫时，应及时足量浇水。生育后期遇旱，应小水润浇。

（4）当主茎高度达到 35 厘米以上，每亩用 5% 的烯效唑 40～50 克，加水 35～40 千克叶面喷施。

适宜地区

适合黄淮海地区花生产区。

注意事项

喷药应在下午 4 时后进行，若喷后 6 小时内遇雨应重喷。

技术来源：山东省花生研究所

咨询人与电话：王才斌，于天一　0532-87632130

连作花生生产关键技术

技术要点

（1）深耕：冬前深耕30～33厘米，翌年早春顶凌耙耢。对于土层较浅的地块，可逐年增加耕层深度。

（2）施肥：每亩施腐熟鸡粪1 000～1 200千克或养分总量相当的其他有机肥，氮（N）8～10千克、磷（P_2O_5）10～12千克、钾（K_2O）8～10千克。全部有机肥和60%～70%的化肥结合耕地施用，30%～40%的化肥播种时集中施用。

（3）农闲期抢茬轮作：在花生收获后下茬花生播种前种植1茬秋冬作物，秋冬作物在花生播种前收获或直接压青。

（4）田间管理：花针期和结荚期遇旱，若中午叶片萎蔫且傍晚难以恢复，应及时适量浇水。饱果期（收获前1个月）遇旱应小水润浇。生育中后期植株有早衰现象的，可连喷2次叶面肥料。

注意事项

长势较旺的地块，在结荚期可喷施多效唑等

植物生长延缓剂，用量为 15% 的可湿性多效唑粉剂 30～40 克 / 亩，兑水 20～30 千克。

　　技术来源：青岛农业大学农学院
　　咨询人与电话：王铭伦　0532-88030476

旱薄地花生高效增产栽培技术

技术要点

（1）品种选择：选用抗旱性强、耐瘠性好、适应性广的中熟或中早熟花生品种。

（2）播种：北方春花生4月下旬至5月上旬播种，麦套花生在麦收前10～15天套种，夏直播花生抢时早播。南方春秋两熟区，春花生2月中旬至3月中旬、秋花生立秋至处暑播种。

（3）施肥：每亩施腐熟鸡粪1 000～1 500千克或养分总量相当的其他有机肥，氮（N）8～10千克、磷（P_2O_2）4～6千克、钾（K_2O）6～8千克、钙（CaO）6～8千克。全部有机肥和40%的化肥结合耕地施入，60%化肥结合播种集中施用。

（4）田间管理：生育中后期每亩叶面喷施2%～3%的尿素水溶液或0.2%～0.3%的磷酸二氢钾水溶液40千克，连喷2次，间隔7～10天。或施用经国家主管部门或省级主管部门登记的其他叶面肥料。

注意事项

长势较旺的地块，在结荚期可喷施多效唑等植物生长延缓剂，用量为 15% 的可湿性多效唑粉剂 30～40 克 / 亩，兑水 20～30 千克。

技术来源：青岛农业大学农学院

咨询人与电话：王铭伦　0532-88030476

花生单粒精播节本增效技术

技术要点

（1）精选种子：精选籽粒饱满、活力高、发芽率≥95%的种子播种。种子要包衣或拌种。

（2）适期足墒播种：5厘米日平均地温稳定在15℃以上，土壤含水量确保65%～70%。北方春花生适期为4月下旬至5月中旬播种。麦套花生麦收前10～15天套种，夏直播抢时早播。

（3）单粒精播：单粒播种，亩播13 000～16 000粒，播深2～3厘米，播后酌情镇压。

（4）田间管理：花生生长关键时期，合理灌溉。适期化控和叶面喷肥防病，确保植株不旺长、不脱肥，叶片不受危害。

适宜地区

适合全国花生中高产田。

注意事项

花生单粒精播要注意精选种子。

技术来源：山东省农业科学院生物技术研究中心

咨询人与电话：张佳蕾　0531-83179047

玉米花生间作种植模式

技术要点

（1）品种选择：玉米选用紧凑或半紧凑型的耐密、抗逆高产良种；花生选用耐阴、抗倒高产良种。

（2）播种：间作玉米小行距60厘米，株距12～14厘米；间作花生垄距80～85厘米，垄高10厘米，一垄2行，小行距30厘米，大行距50厘米，双粒或单粒播种均可。

（3）施肥：底肥亩施8～12千克纯氮、6～9千克 P_2O_5、10～12千克 K_2O、8～10千克 CaO。玉米大喇叭口期亩追施8～12千克纯氮，施肥位点可选择靠近玉米行10～15厘米处。

（4）管理：田间管理按常规措施进行。

适宜地区

春播适用于玉米、花生栽培地区；夏播适用于山东省（除胶东地区）、河南省及以南地区。

注意事项

夏播适时早播，尽量在6月20日之前，保障玉米、花生成熟。

技术来源：山东省农业科学院生物技术研究中心

咨询人与电话：郭峰　0531-66659047

盐碱地花生丰产增效栽培技术

技术目标

该技术可解决土壤盐碱制约幼苗生长和生育后期脱肥早衰等问题。

技术要点

（1）品种选择：选择合适的耐盐碱品种。

（2）播种与施肥：冬耕后翌年播种前 10～15 天结合灌水压盐后再进行春耕。盐碱地花生应适当晚播，以 5 月 5—15 日为宜。双粒播种种植密度 22 000～24 000 株 / 亩，单粒播种 14 000～15 000 株 / 亩。

（3）管理：根据土壤肥力情况基施适量有机肥和化肥，生长中后期及时排水防涝；在结荚期和饱果成熟期久旱无雨应及时浇水补墒。

适用范围

0～20 厘米土层土壤含盐量≤0.3% 的中轻度盐碱土区。

注意事项

盐碱地花生应适当晚播，并根据土壤肥力情况适当提高种植密度。

技术来源：山东省花生研究所

咨询人与电话：张智猛　0532-87629711

南方瘠薄旱地花生避旱饱果栽培技术

技术目标

瘠薄、酸度高、缺钙的南方土壤，结荚成熟期常遇高温干旱，导致大量空壳减产。该技术可实现花生亩增产 20%～30%，增效 300 元以上。

技术要点

（1）品种选择：选择耐旱耐瘠抗病良种。

（2）深耕改土，合理施肥。冬前深耕，铺施腐熟有机肥。基肥亩施 45%～48% 复合肥 40～50 千克，生石灰、钙镁磷肥各 50 千克，增施硼肥、锌肥、钼肥。

（3）药剂拌种，单粒精播，适度早播。选择杀菌剂、杀虫剂各一种混合调匀拌种，可有效预防病虫害，保证适度早播不会烂种。

（4）田间管理：生长前期排渍，后期注意抗旱。花针期旺长时采用化控。

适宜地区

长江流域花生产区和华南地区花生产区。

技术来源：湖南农业大学旱地作物研究所
咨询人与电话：李林　0731-84618076